李平　钱可强　蒋丹　主编

化工工程制图习题集（第2版）

Chemical Engineering Drawing：Workbook（Second Edition）

清华大学出版社
北京

版权所有，侵权必究。举报：010-62782989，beiqinquan@tup.tsinghua.edu.cn。

图书在版编目（CIP）数据

化工工程制图习题集/李平，钱可强，蒋丹主编．—2版．—北京：清华大学出版社，2017（2024.9重印）
（普通高等院校化学化工类系列教材）
ISBN 978-7-302-47627-6

Ⅰ．①化… Ⅱ．①李… ②钱… ③蒋… Ⅲ．①化工机械－机械制图－高等学校－习题集
Ⅳ．①TQ050.2－44

中国版本图书馆CIP数据核字（2017）第155192号

责任编辑：冯 昕
封面设计：常雪影
责任校对：刘玉霞
责任印制：宋 林

出版发行：清华大学出版社
网 址：https://www.tup.com.cn，https://www.wqxuetang.com
地 址：北京清华大学学研大厦A座 邮 编：100084
社 总 机：010-83470000 邮 购：010-62786544
投稿与读者服务：010-62776969，c-service@tup.tsinghua.edu.cn
质量反馈：010-62772015，zhiliang@tup.tsinghua.edu.cn
印 装 者：三河市铭诚印务有限公司
经 销：全国新华书店
开 本：370mm×260mm 印 张：15 字 数：92千字
版 次：2011年6月第1版 2017年7月第2版 印 次：2024年9月第13次印刷
定 价：39.00元

产品编号：072398-03

前　言

本习题集与《化工工程制图(第2版)》(李平、钱可强、蒋丹,清华大学出版社,2017)配套使用,由宁夏大学化学化工学院李平、同济大学钱可强、上海交通大学蒋丹任主编,宁夏大学化学化工学院董梅、王淑杰、吴建波任副主编。

习题集内容包括:制图基本知识与技能、投影基础、立体的投影及表面交线、组合体、机件的常用表达方法、化工设备零部件、化工设备图的内容与表达方法、化工设备图的绘制和阅读、化工工艺图。本习题集可作为普通高等院校60~90学时的化工类各专业或少学时化工机械类专业化工工程制图课程的习题教材。

本习题集题目难度适中、题型丰富,旨在通过工程制图和化工制图习题的训练,掌握制图基本知识,培养空间想象和空间思维能力,培养绘图和读图的技能。在本习题集的编写过程中,得到了很多专家和老师对其内容深度、广度方面的指导,对于大家的关心和支持在此一并表示衷心感谢。

本书的出版得到宁夏回族自治区国内一流学科(化学工程与技术)建设项目的经费支持。同时,感谢宁夏大学化学化工学院和省部共建煤炭高效利用与绿色化工国家重点实验室的大力支持。

欢迎选用本教材的广大师生和读者指正错误,并提出宝贵的意见和建议。

编　者

2017年4月

目　　录

1-1 字体练习和线型练习

化工制图比例校核描标准件数量第共张质姓名学号

班级阶段专业大院零工艺接管设备要求焊密封项目

技术要求圆角装配部剖切断面简化表面粗糙度几何公差旋转放

塔换热器贮罐反应釜裙座支承封头壁厚流程布置轴测仪表阀门

0 1 2 3 4 5 6 7 8 9　*0 1 2 3 4 5 6 7 8 9*

A B C D E F G H I J K L M N O P Q R S T U V W X Y Z

a b c d e f g h i j k l m n o p q r s t u v w x y z

1. 在指定位置补画图线，并按1∶1的比例抄画下面的图形。

2. 绘图步骤及注意事项。

(1) 绘图前仔细分析图线及尺寸，以确定正确的作图步骤。图面布局要考虑标注尺寸的位置。

(2) 完成底稿后，经仔细校核方可加深。

(3) 加深时先圆弧后直线。尺寸标注和剖面线可不打底稿，在加深时一次完成。

(4) 线型：粗实线0.5mm，细实线0.25mm。

(5) 箭头：细长型，长为宽的6倍左右。

(6) 字体：书写用长仿宋体字，汉字用5号字，图中尺寸数字用3.5号字。

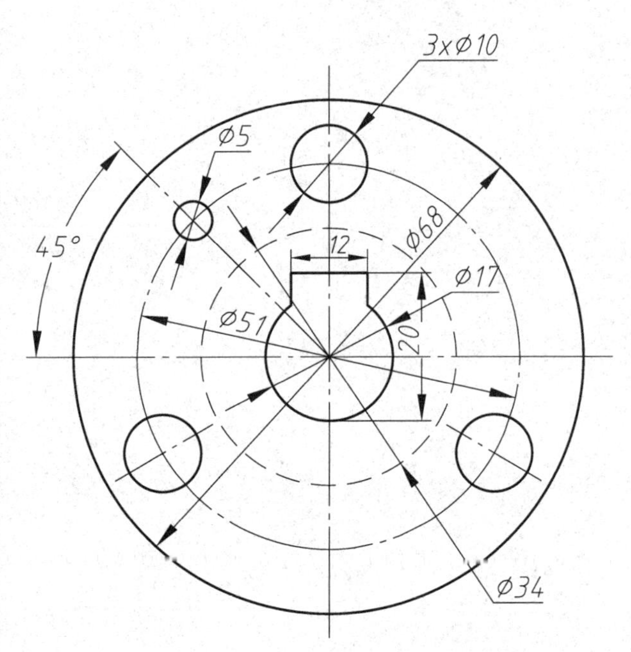

班级________ 学号________ 姓名________

1-2 几何图形

从下面两图中选择一个按照1:1的比例绘制在A4图纸上，注意线型和尺寸标注。

1.

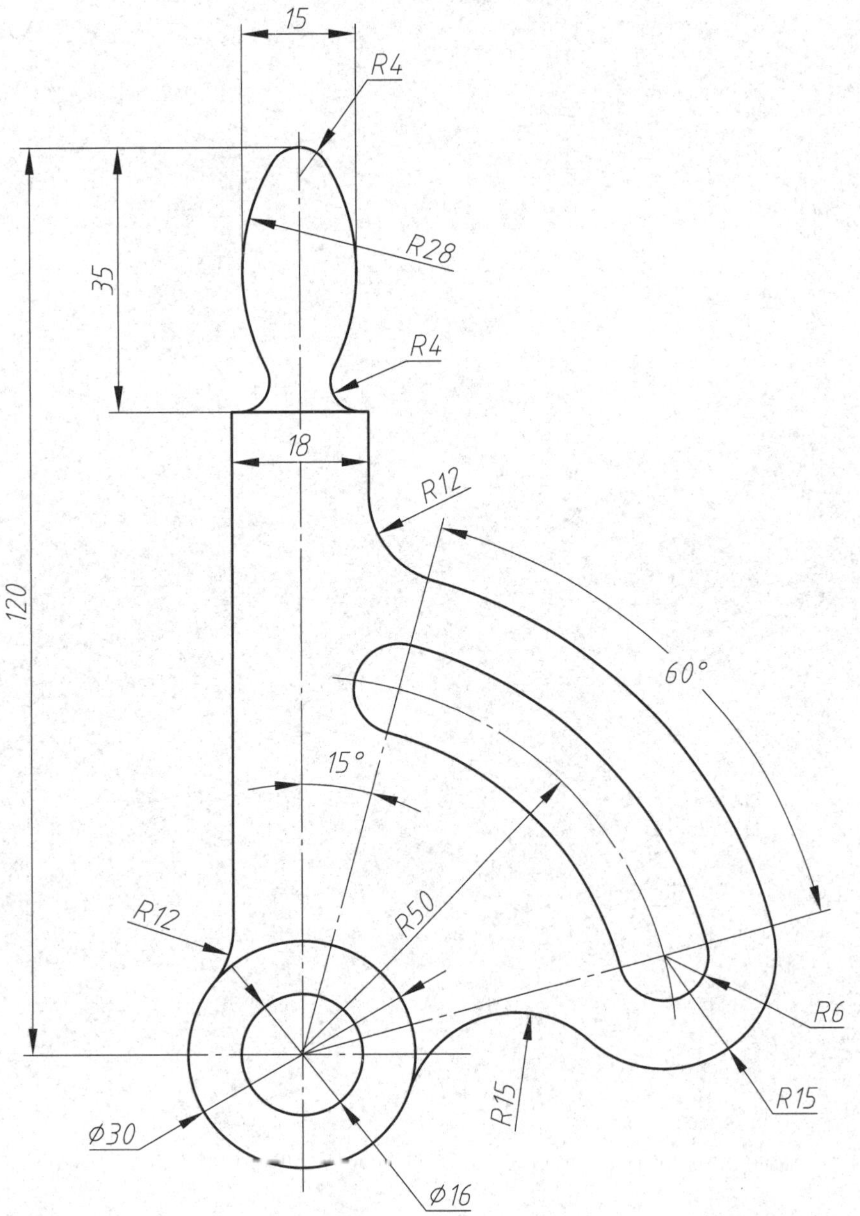

15
R4
R28
35
R4
18
120
R12
60°
15°
R50
R12
R6
R15
R15
ϕ30
ϕ16

2.

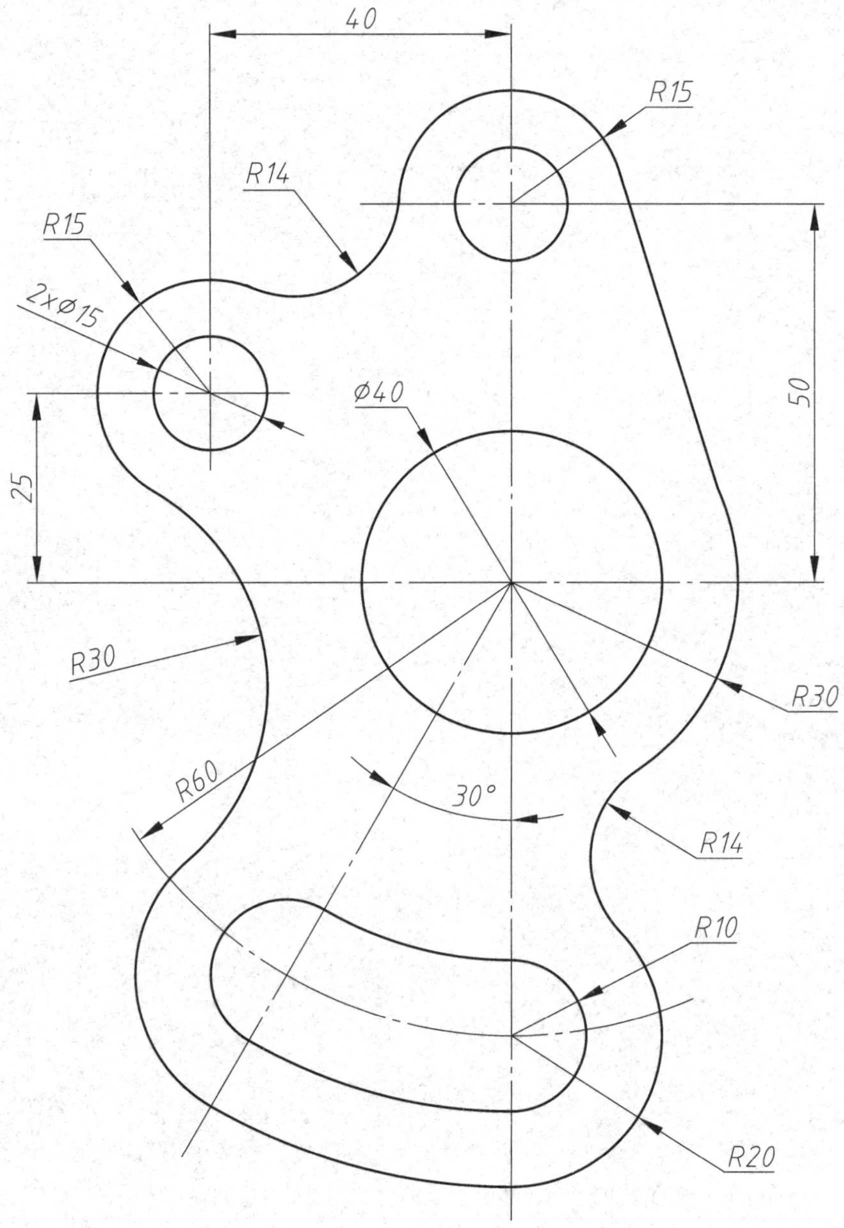

40
R15
R14
R15
2×ϕ15
ϕ40
50
25
R30
R30
R60
30°
R14
R10
R20

2-1 点的投影（一）

1. 已知点A距离投影面W、V、H分别为15mm、20mm、12mm，B点坐标（15，12，12），C点坐标（15，20，20），D点坐标（22，10，0），试画出各点的三面投影和立体图。

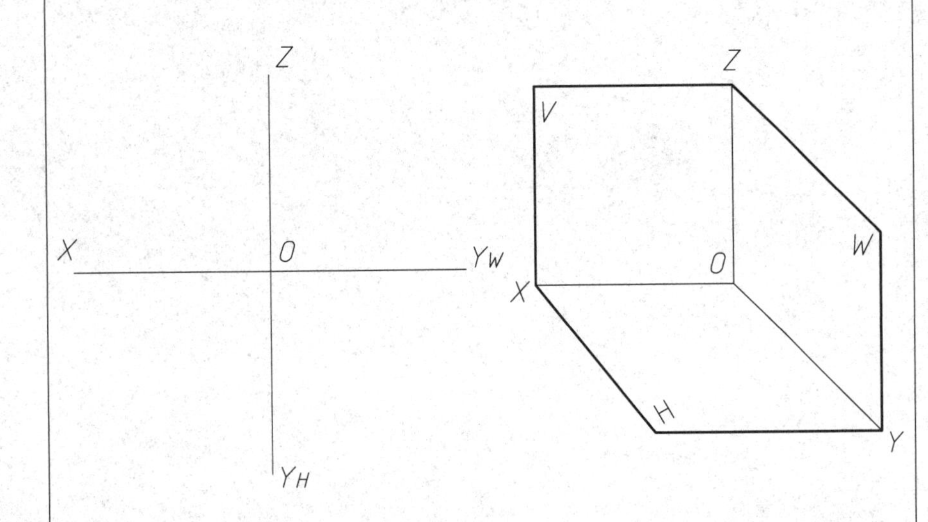

2. 已知点A在V面之前32mm，点B在H面之上10mm，点C在V面上，点D在H面上，点E在投影轴上，补全各点的两面投影。

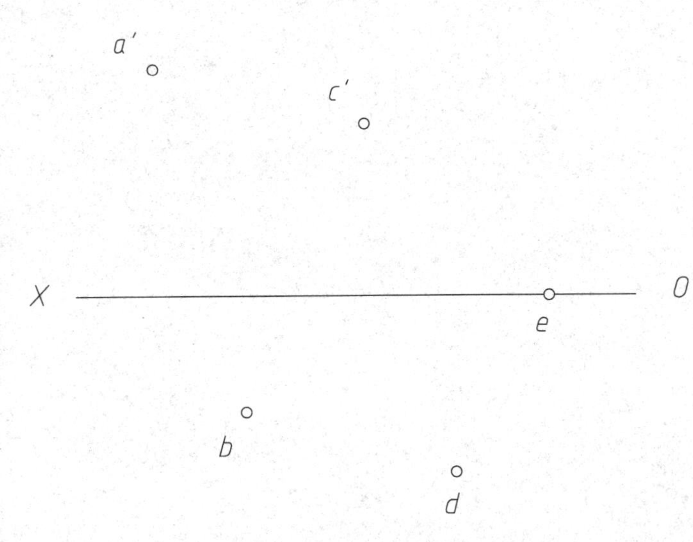

3. 已知下列各点的两面投影，求作它们的第三面投影。

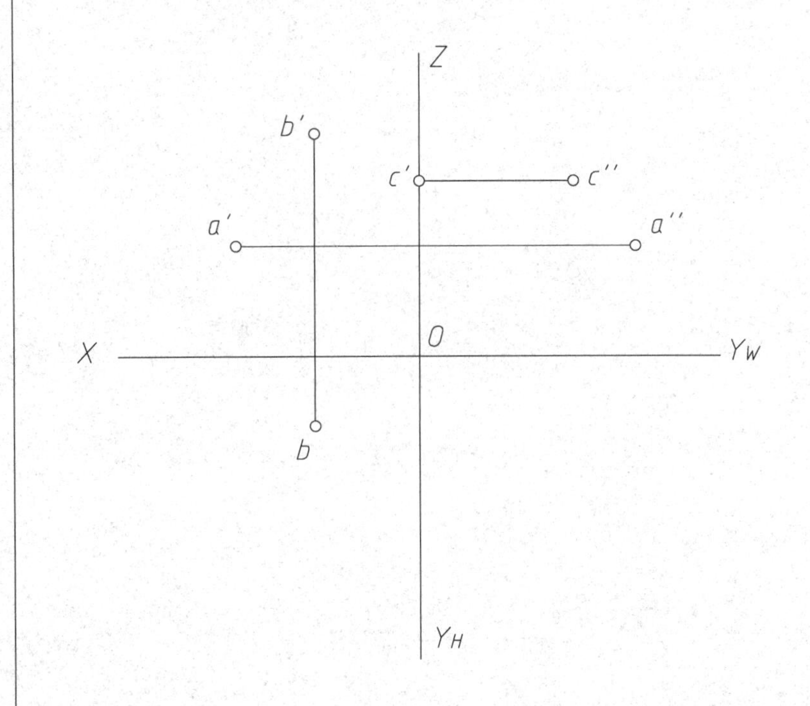

4. 判断A、B两点的相对位置。

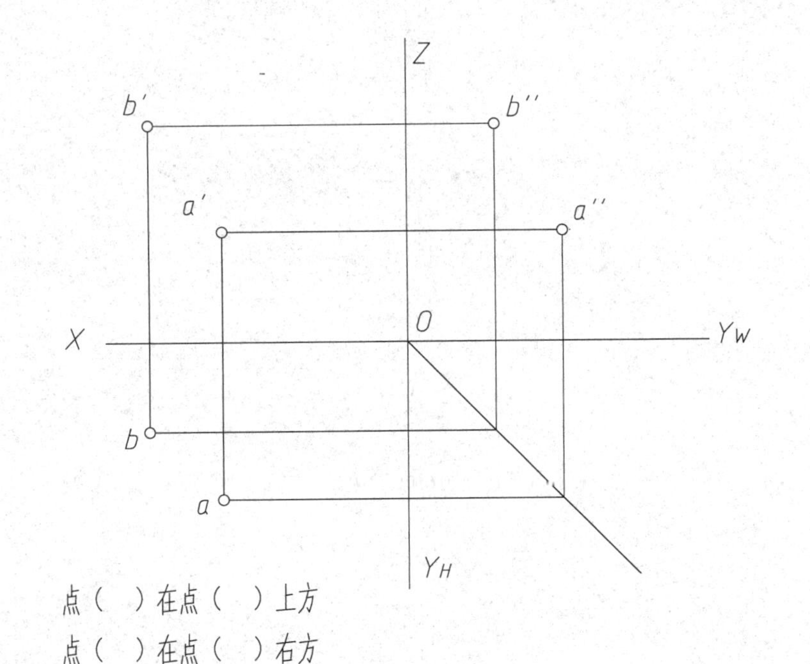

点（ ）在点（ ）上方

点（ ）在点（ ）右方

点（ ）在点（ ）后方

5. 已知点A坐标为（20，15，25），点B在点A下方8mm、前方10mm、右方5mm，求作A、B两点的三面投影。

6. 已知点B与点A是对V面投影的重影点，点B在点A前方10mm处，点C在点A的正左方15mm处，点D在点C正下方15mm处，补全各点的三面投影，并判别可见性。

班级________ 学号________ 姓名________

2-1 点的投影(二)

7. 已知三棱锥各顶点的坐标,求作三棱锥各点的三面投影,并将各面投影依次连接起来。锥顶S(20,20,30),底面各顶点坐标A(5,10,0),B(35,10,0),C(20,30,0)。

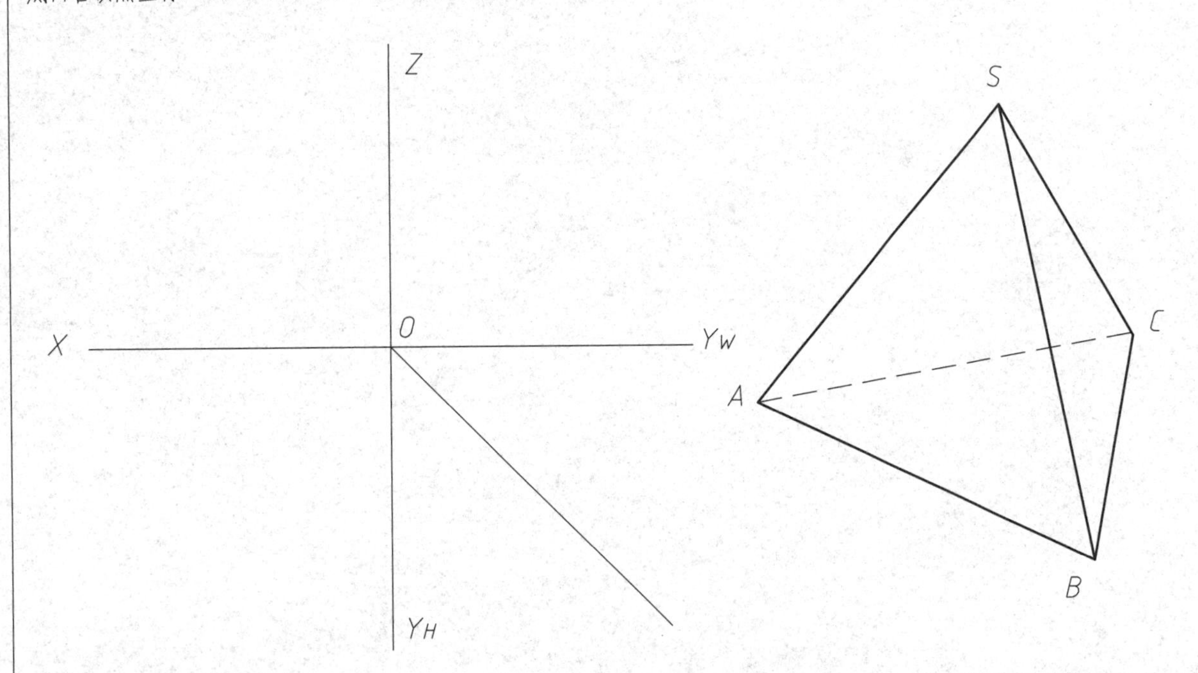

8. 点A到V面和W面距离相等,点B到V面和H面距离相等,点C到H面和W面距离相等,已知A、B、C三点的一面投影,求作另外两面投影。

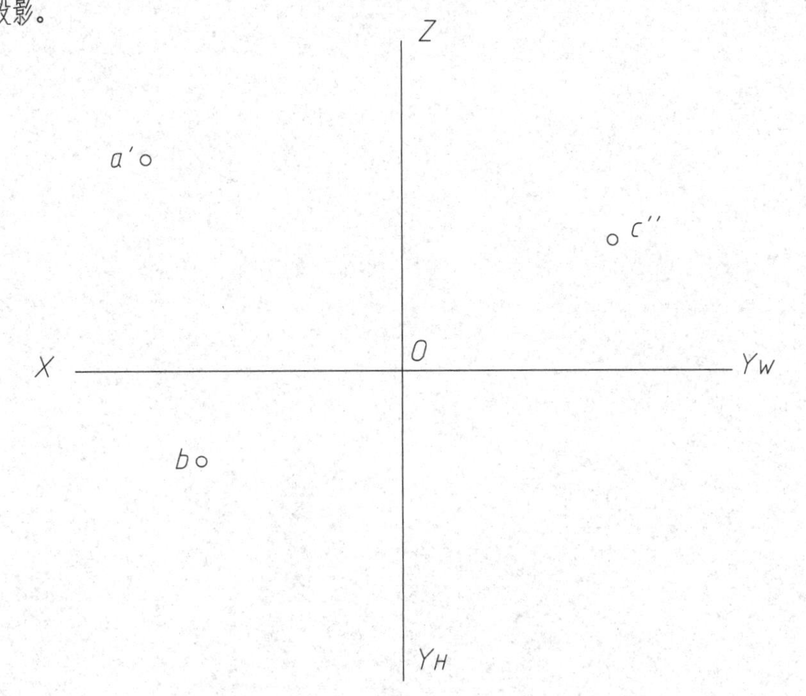

2-2 直线的投影(一)

1. 完成下列直线的第三面投影,并指明是什么位置直线。

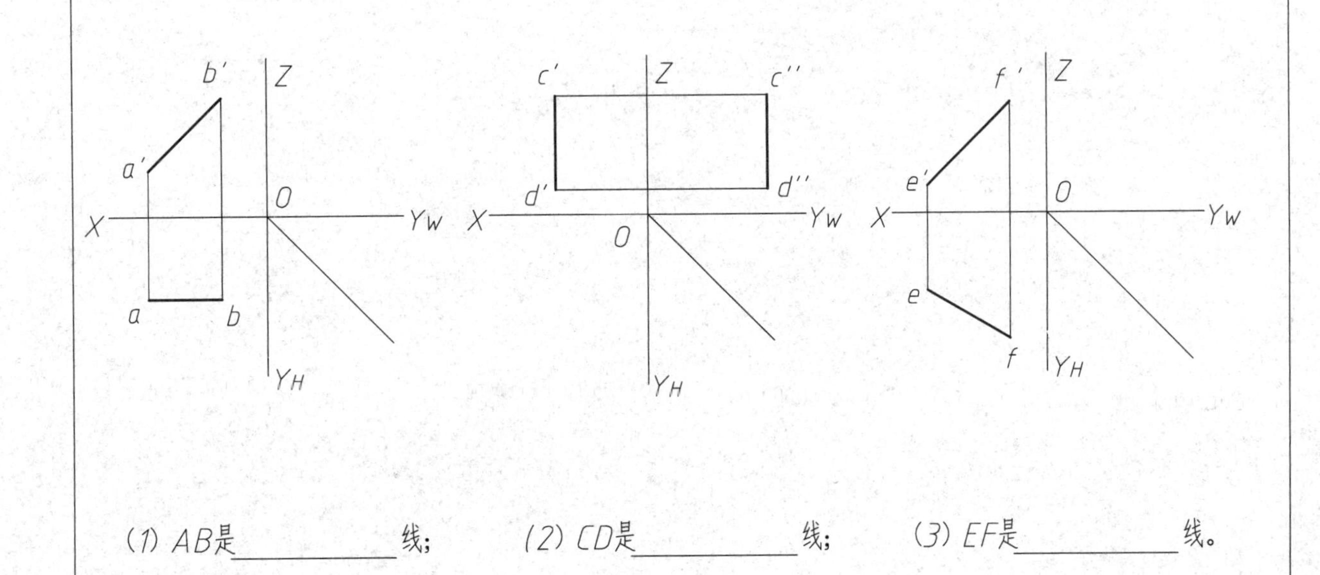

(1) AB是________线; (2) CD是________线; (3) EF是________线。

2. 判断下列直线相对投影面的位置。

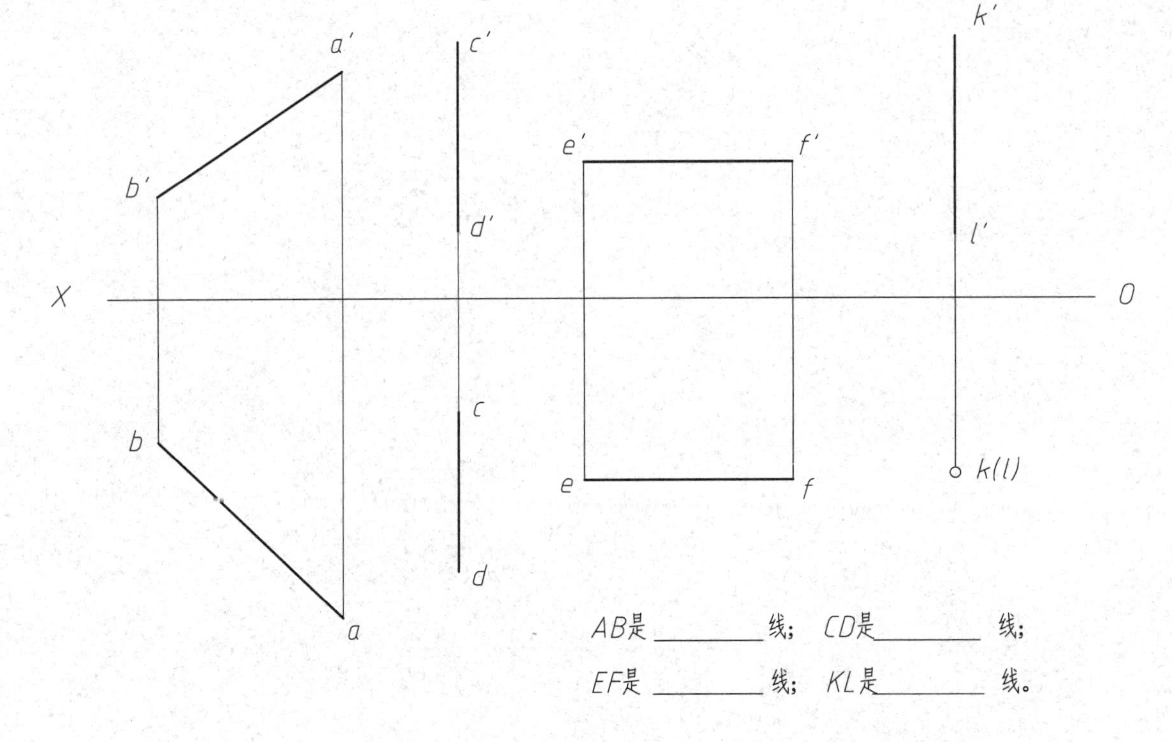

AB是________线; CD是________线;

EF是________线; KL是________线。

班级________ 学号________ 姓名________

2-2 直线的投影（二）

3. 求作直线的三面投影。

(1) 正垂线AB，点B在点A之后，AB=10mm。

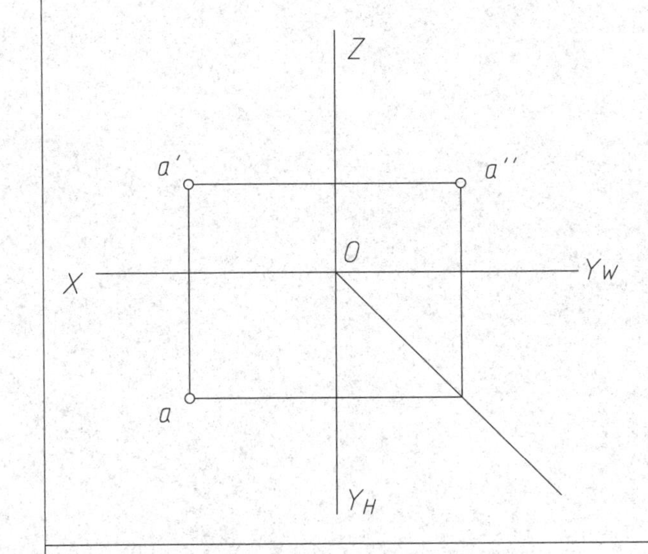

(2) 一般位置直线CD，点D距V面15mm。

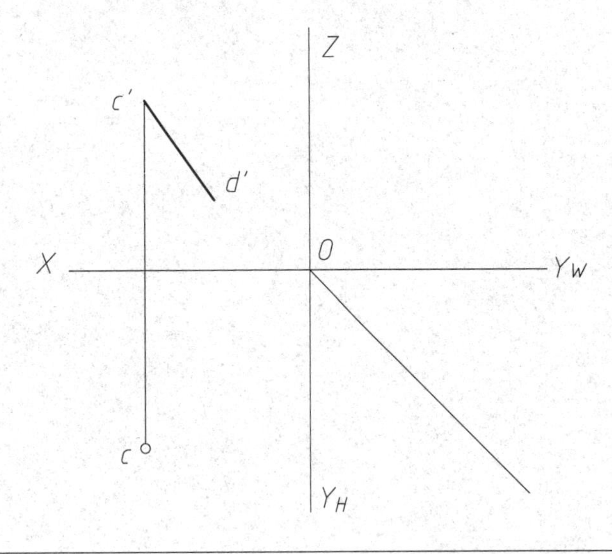

4. 已知直线AB上一点K，该点分线段AB为AK：KB=2：1，求K点投影。

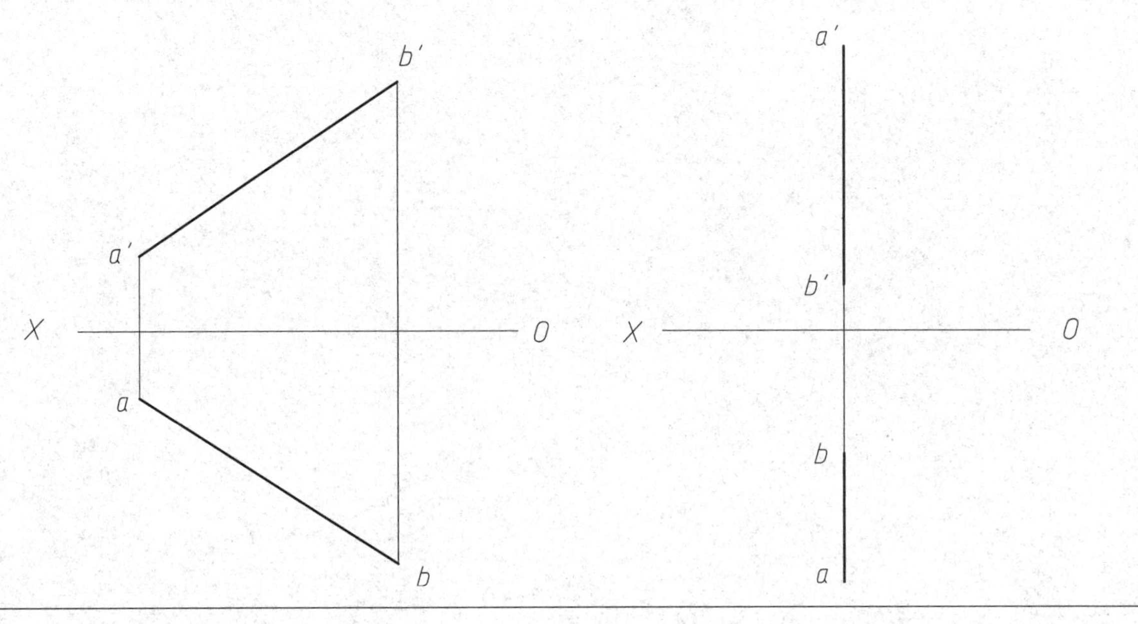

5. 判断直线AB、CD的相对位置关系。

(1)

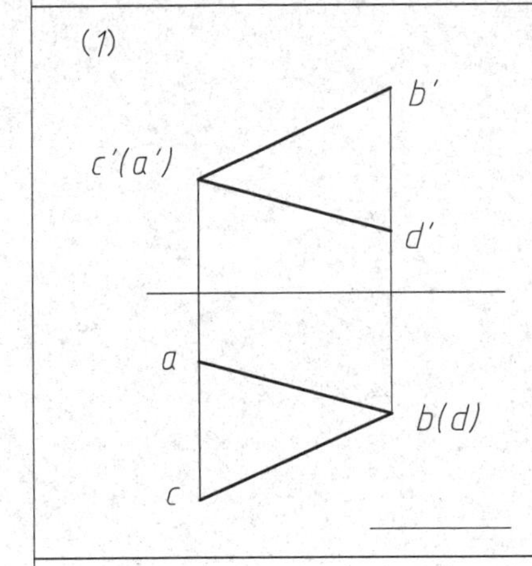

(2)

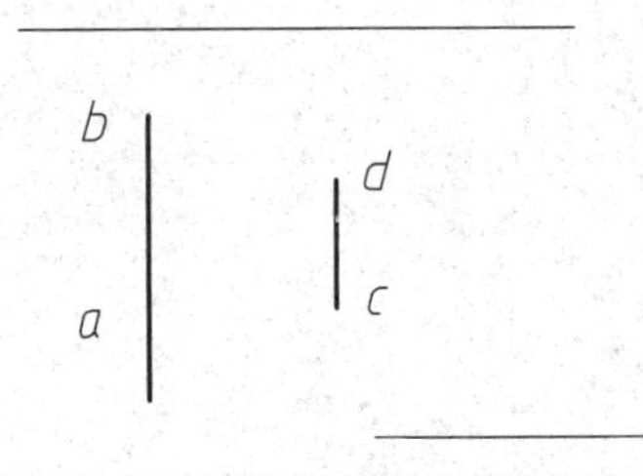

(3)

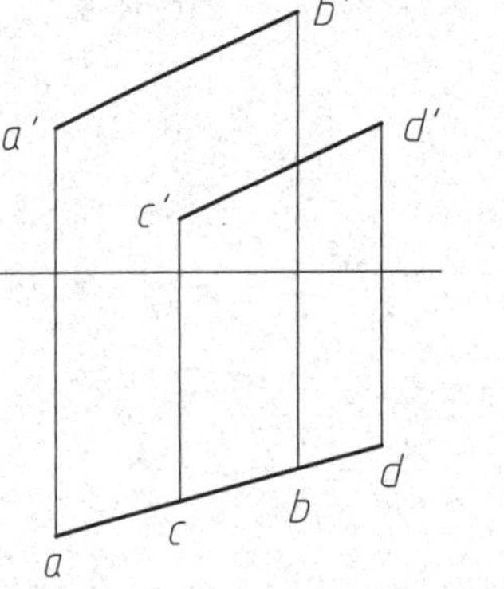

(4)

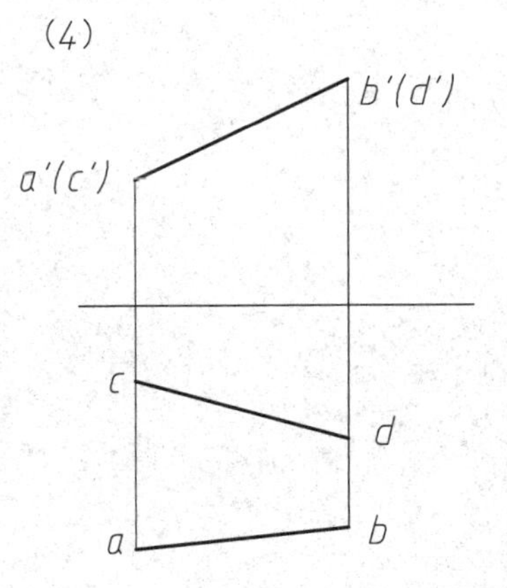

(5)

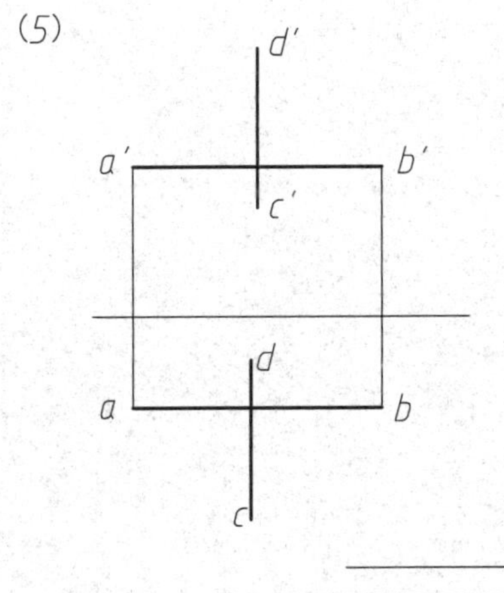

(6)

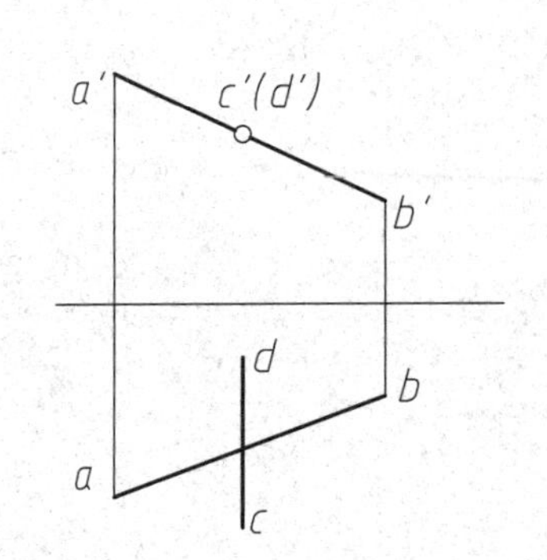

6. 过已知点作直线AB。

(1) 过点K作水平线AB与直线CD相交于点L。

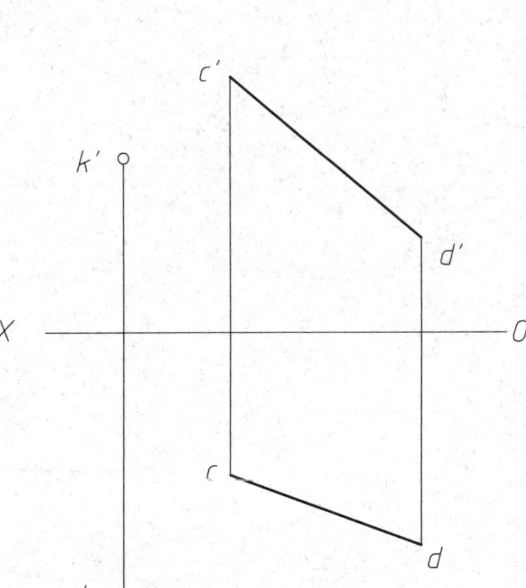
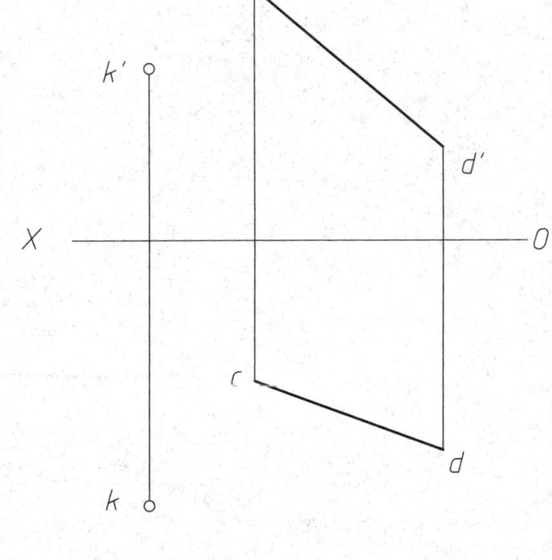

(2) 过点A作直线AB平行于直线CD，并使AB的长度等于CD。

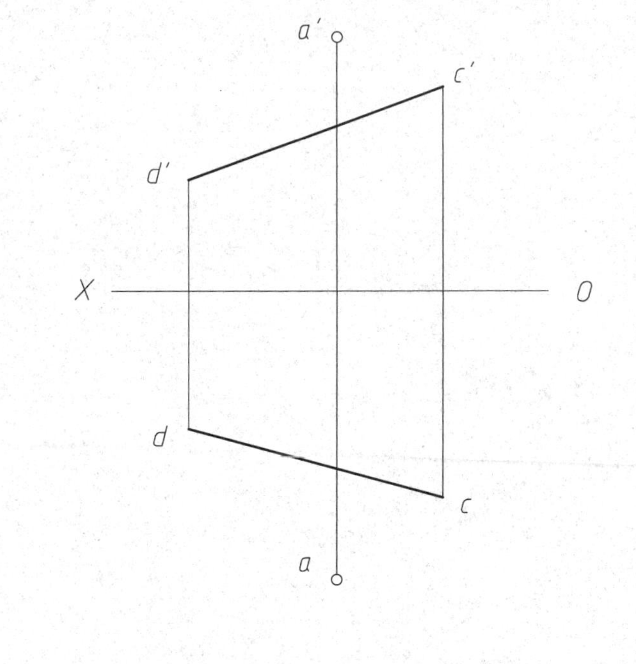

班级＿＿＿＿＿＿ 学号＿＿＿＿＿＿ 姓名＿＿＿＿＿＿

2-3 平面的投影（一）

1. 已知平面图形的两面投影，求作第三面投影，并说明该平面是什么位置平面。

(1)

(2)

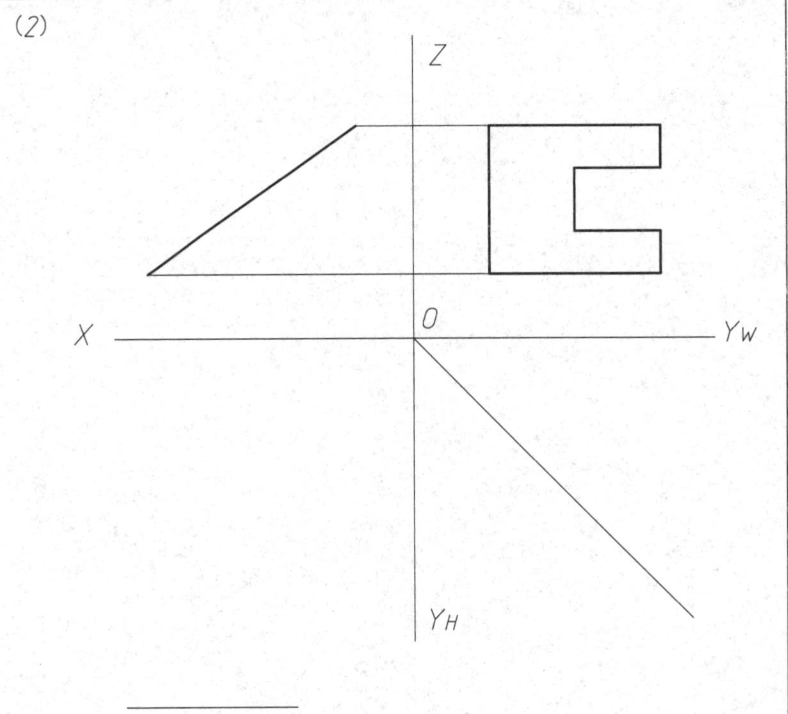

(3)

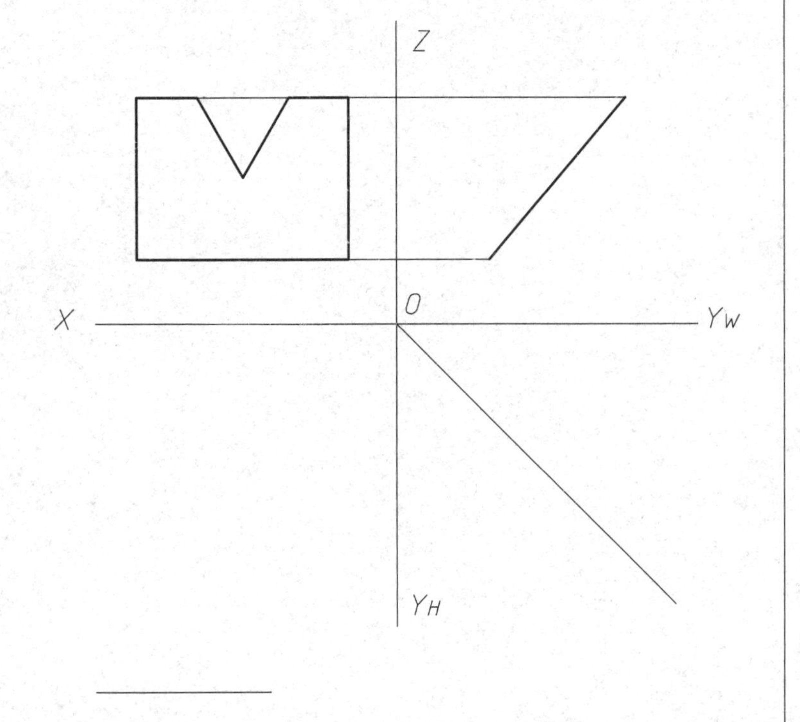

2. 完成平面五边形$ABCDE$的两面投影。

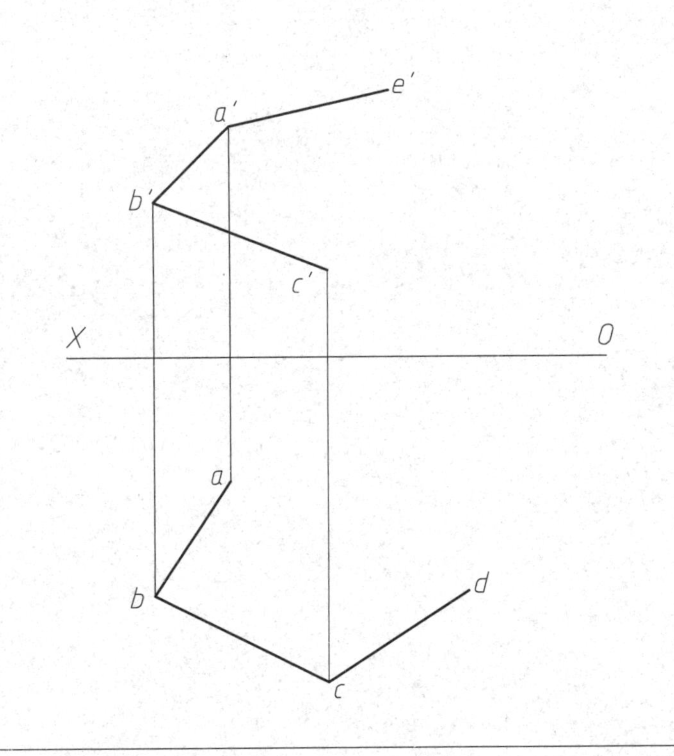

3. 已知正垂面P的水平投影，其与H面夹角为$30°$，完成其V、W面投影。

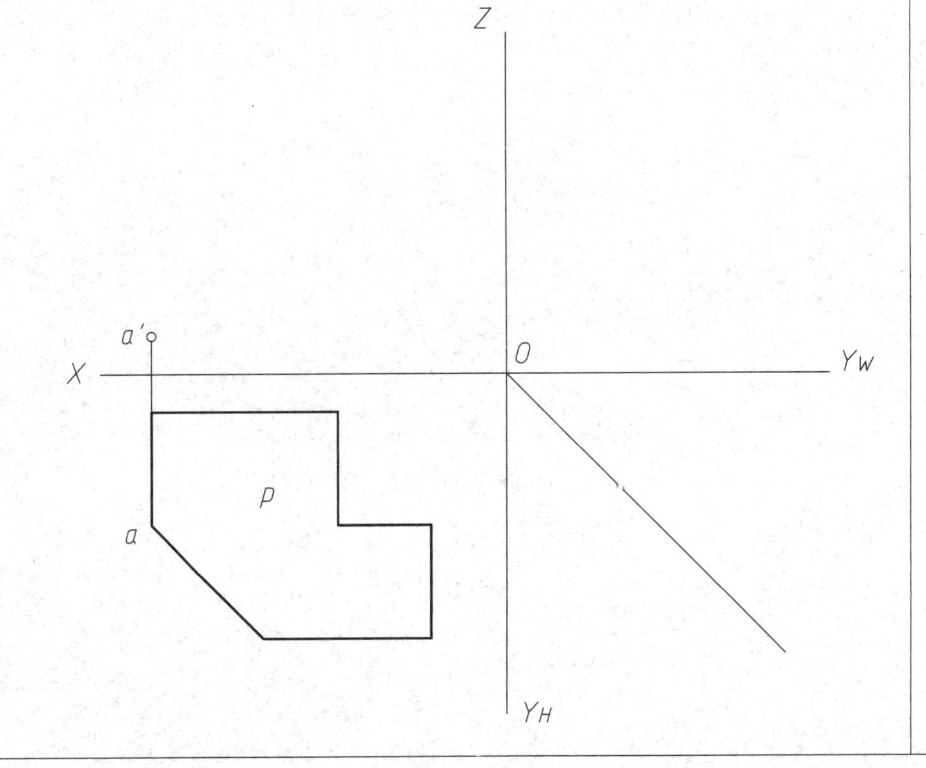

4. 完成平面$ABCDEF$的H面投影（各对边相互平行）。

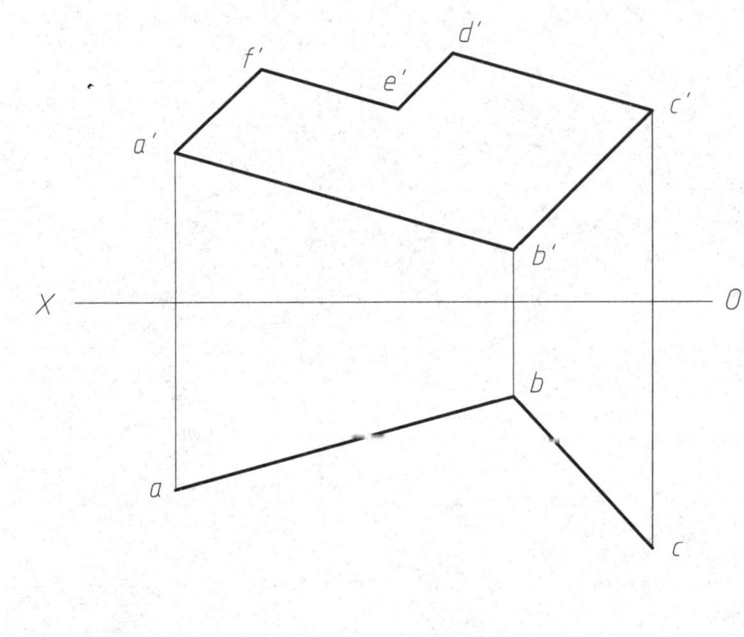

2-3　平面的投影（二）

5. E点在平面ABCD内，求作它的另一投影。

6. 判断点K是否在△ABC平面内。

7. 判断线段DE是否在△ABC平面内。

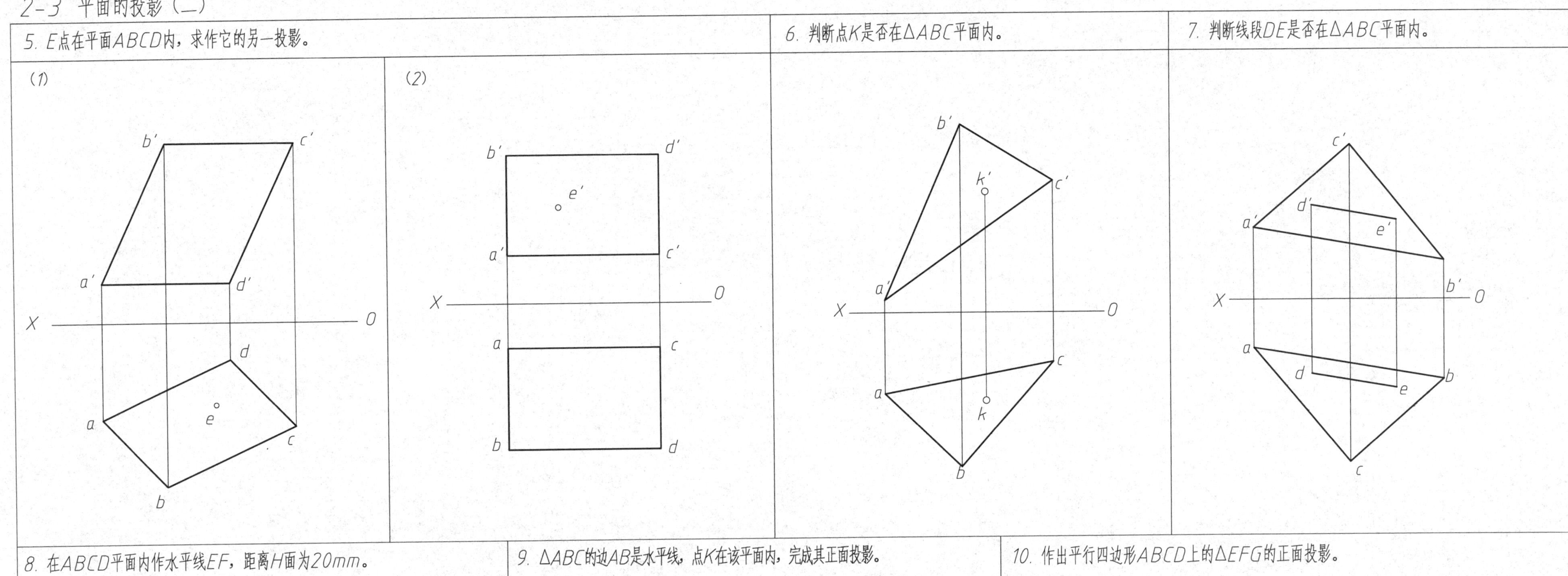

8. 在ABCD平面内作水平线EF，距离H面为20mm。

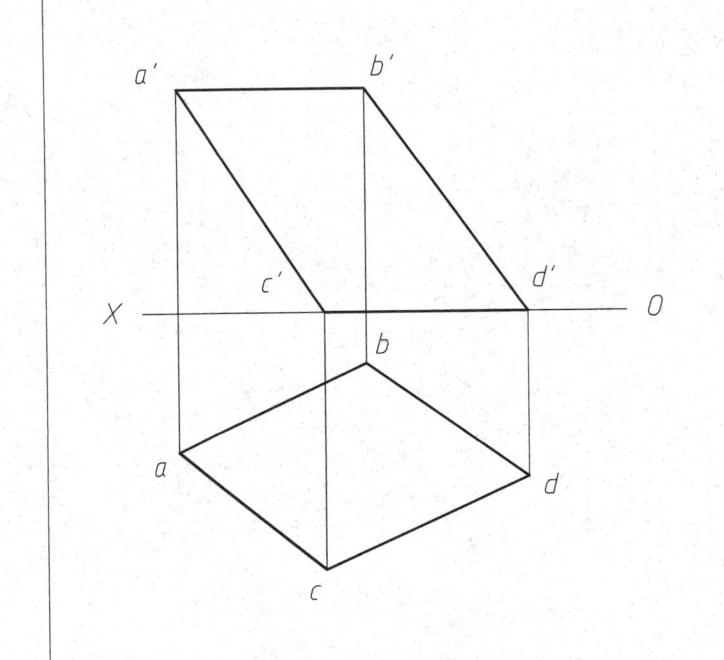

9. △ABC的边AB是水平线，点K在该平面内，完成其正面投影。

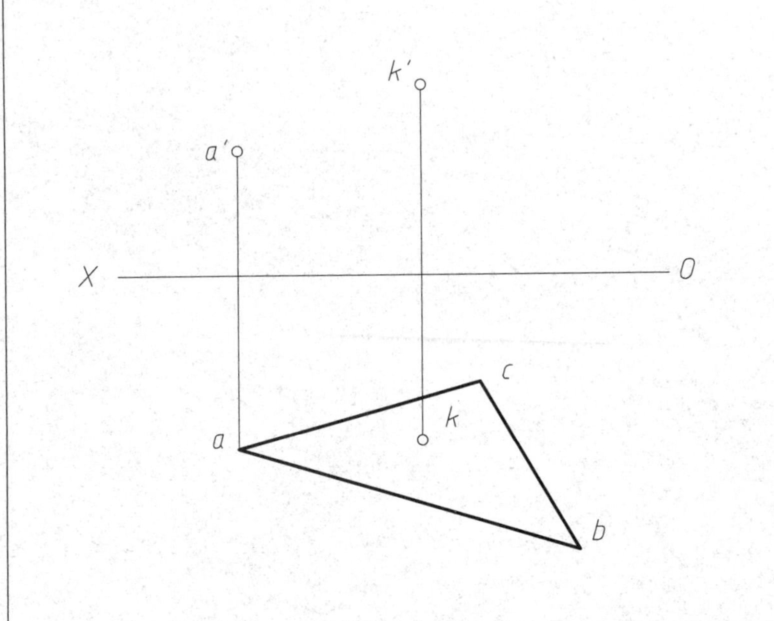

10. 作出平行四边形ABCD上的△EFG的正面投影。

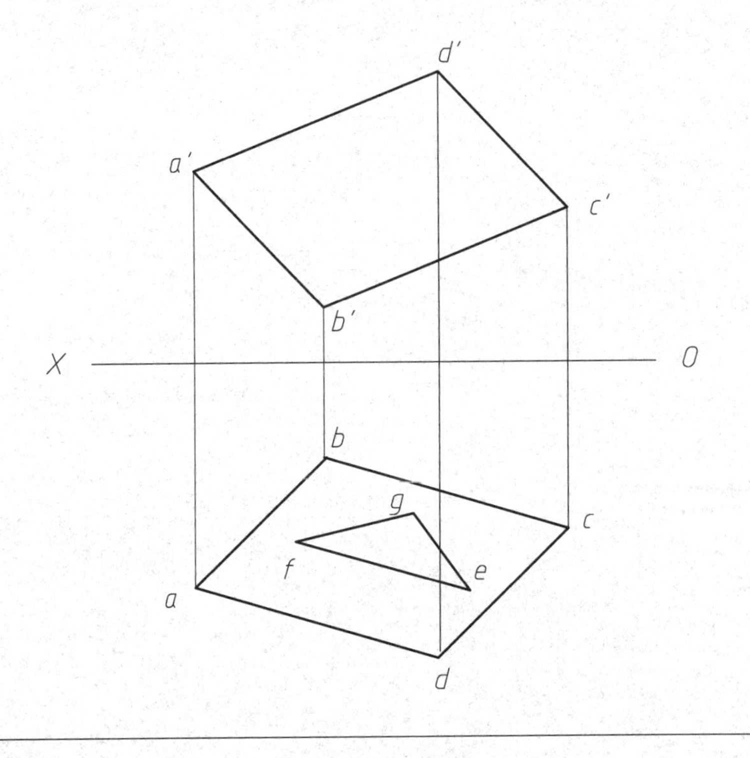

1. 判断直线AB、CD及平面三角形EFG是否平行于平面P。

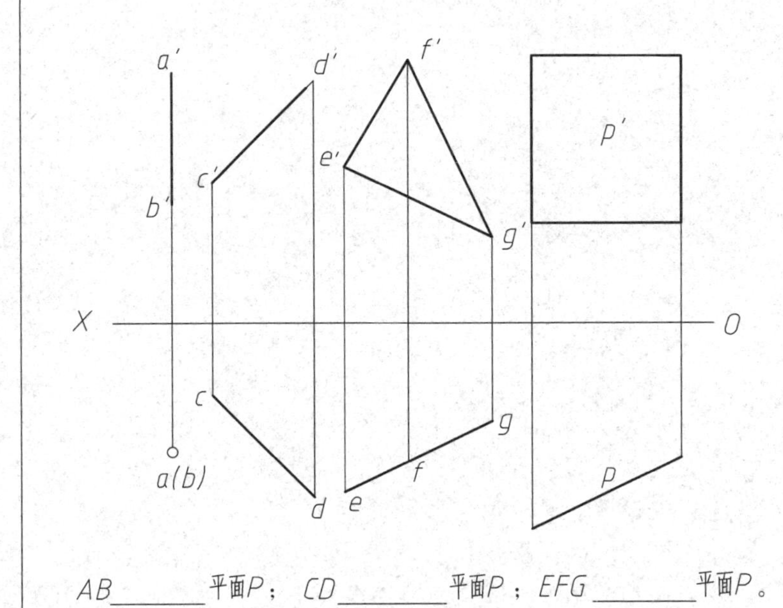

AB_______平面P；CD_______平面P；EFG_______平面P。

2. 直线AB与三角形CDE平行，作出其H面投影。

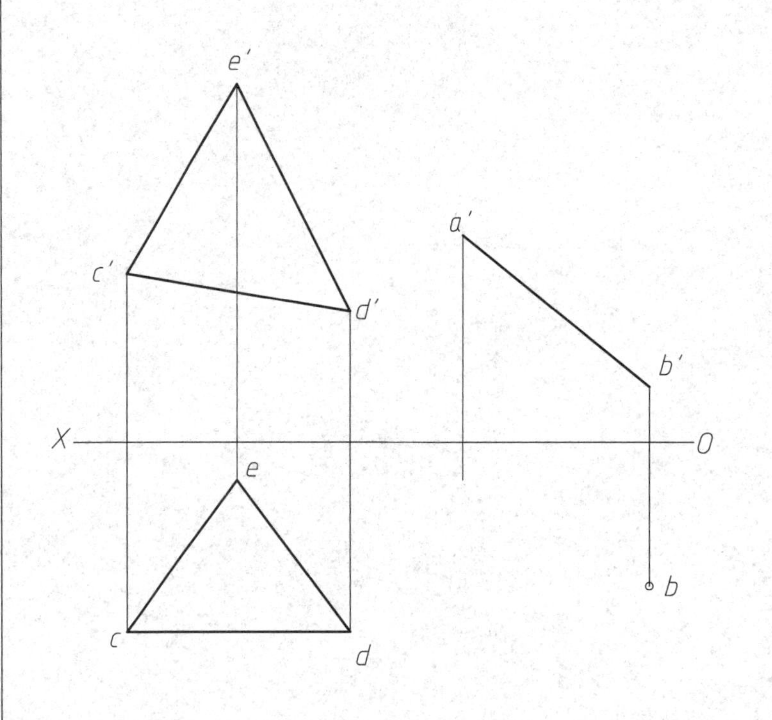

3. 过点M作平面P，使之平行于三角形ABC。

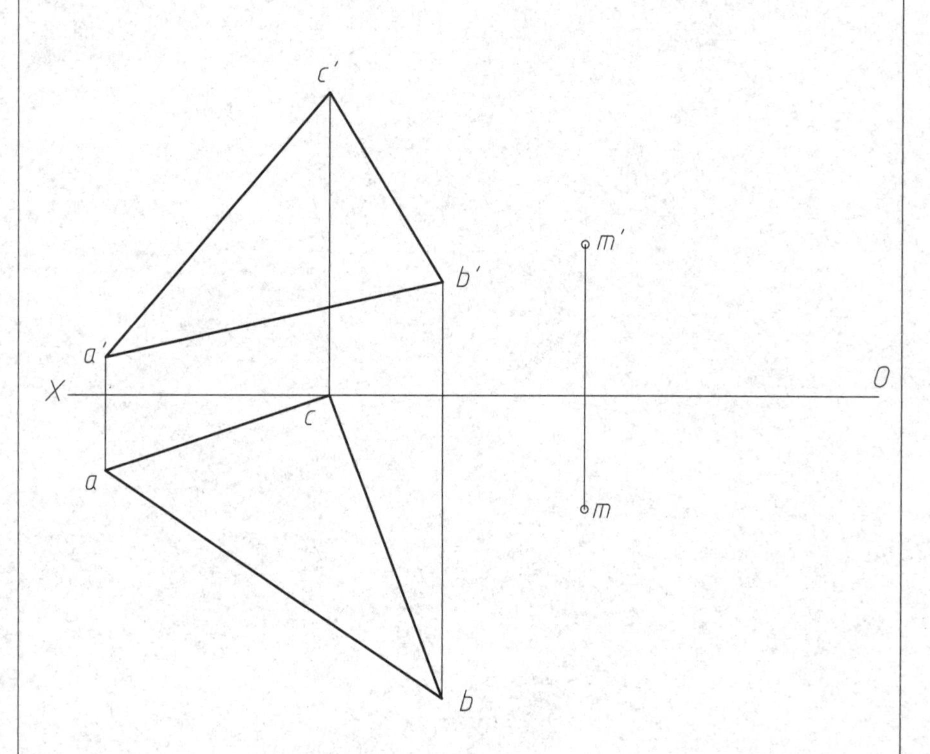

4. 求下列直线与平面的交点并判断可见性。

(1)

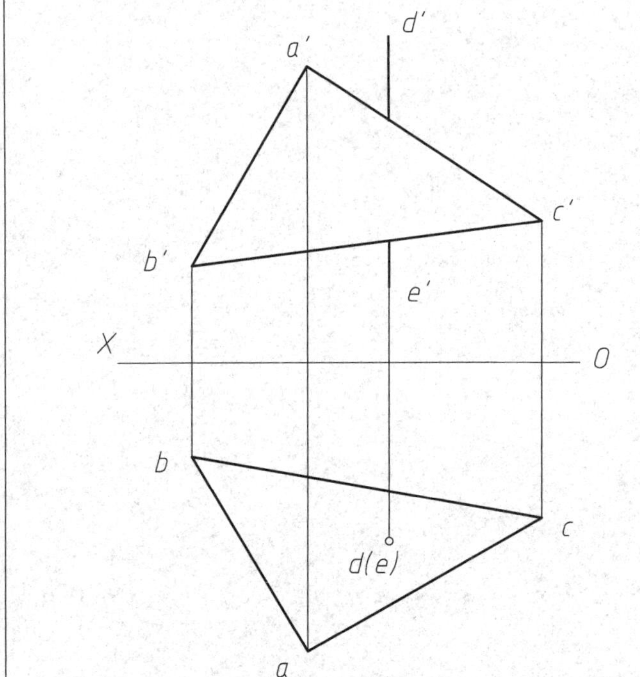

(2)

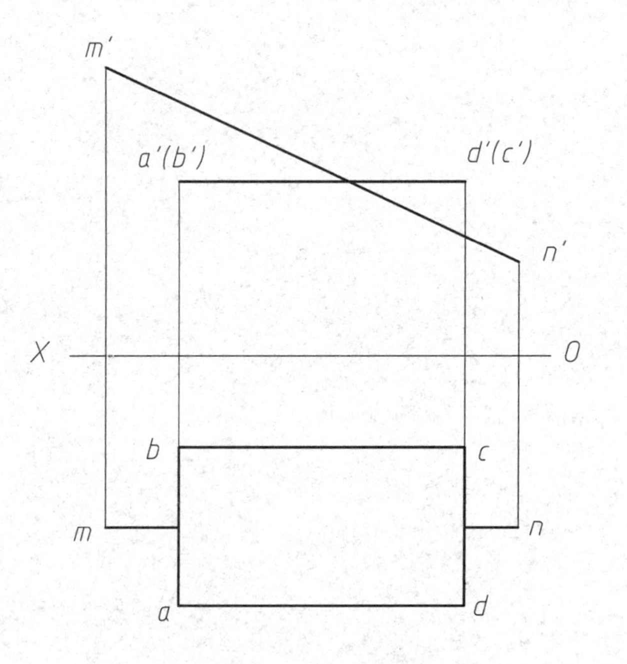

(3)

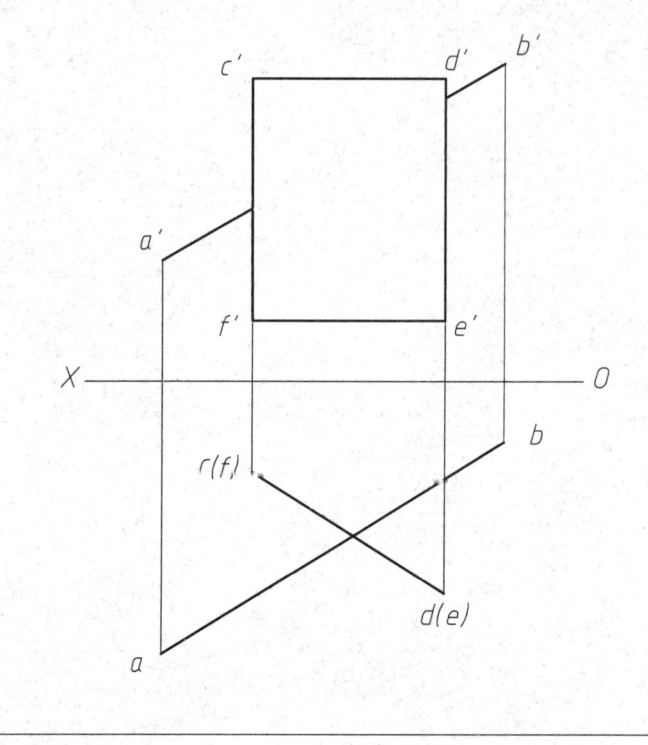

3-1 基本几何体的投影（一）

1. 完成下列各平面立体及其表面上各点的三面投影。

（1）

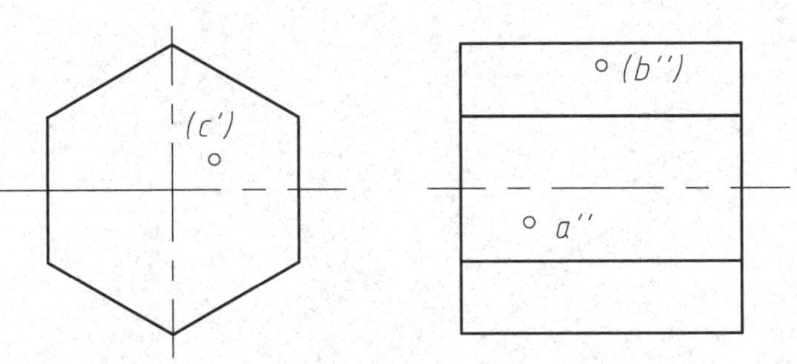

（2）

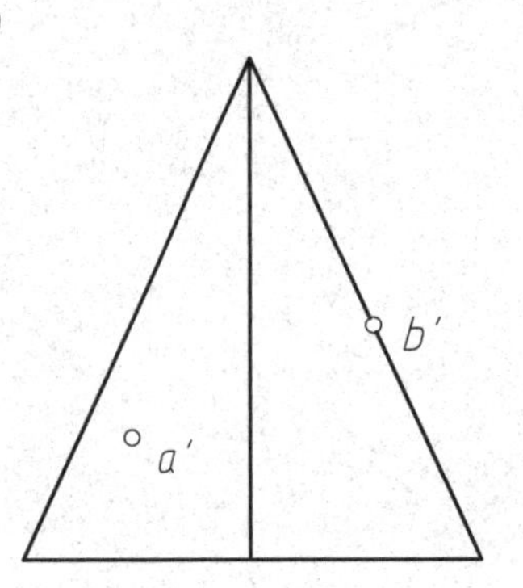

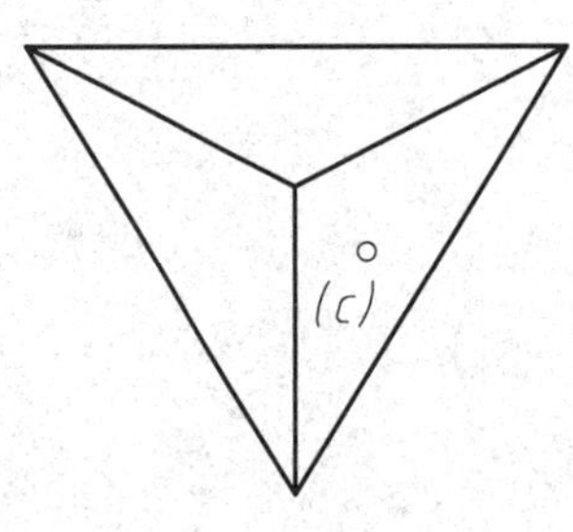

（3）

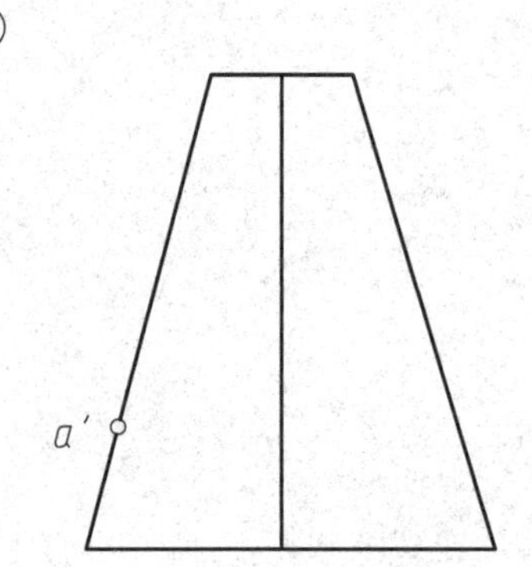

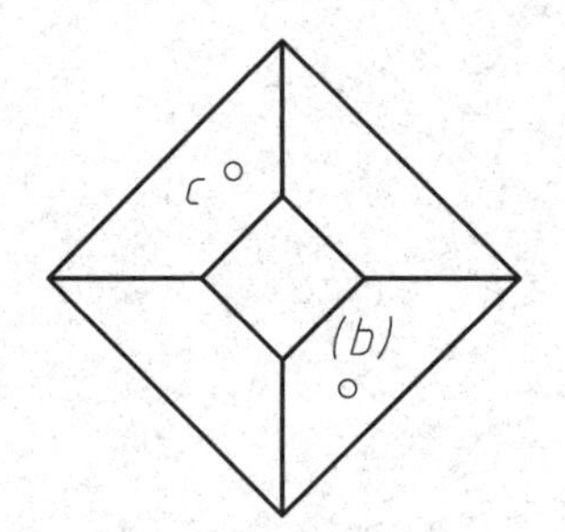

2. 根据面视图，完成下列切割体的第三视图。

（1）

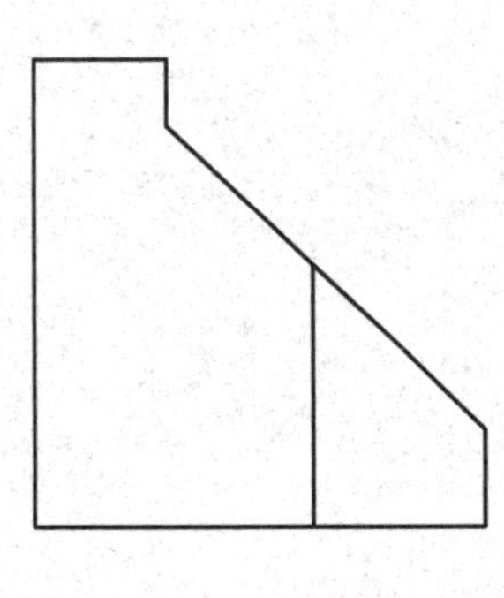

（2）

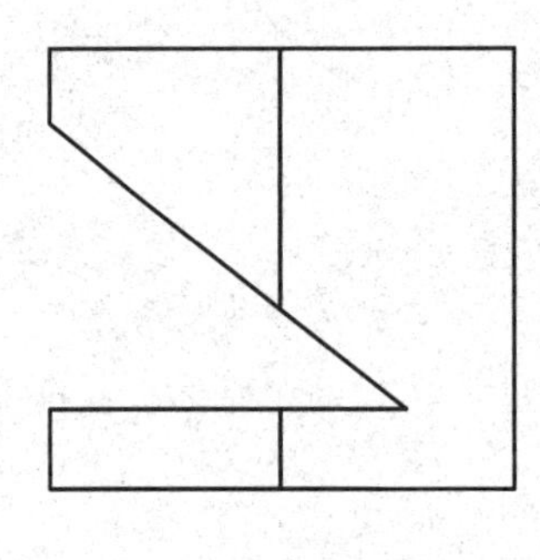

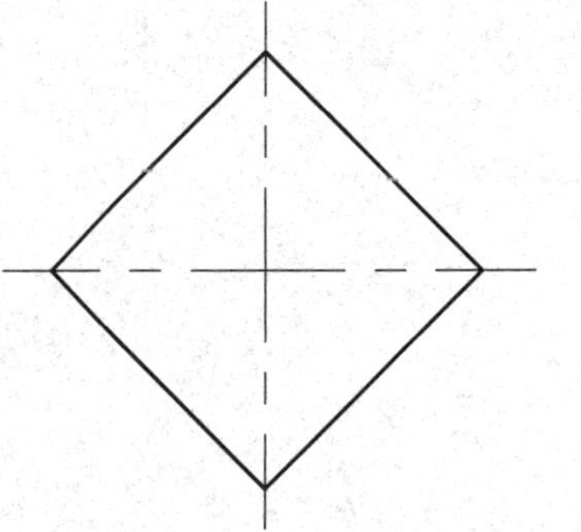

（3）

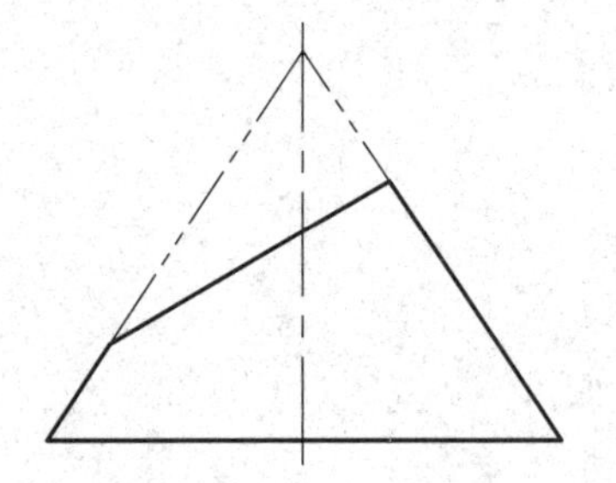

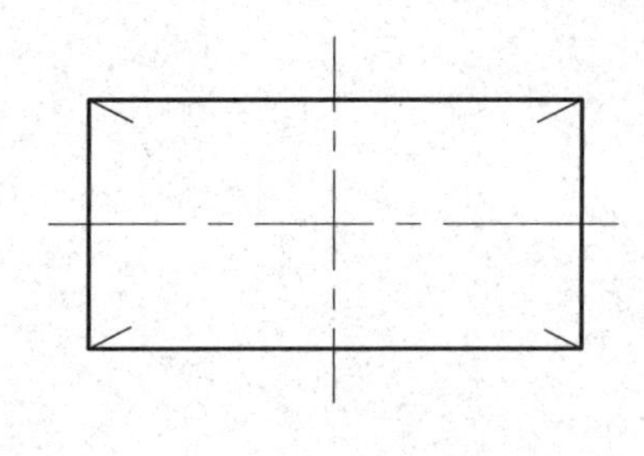

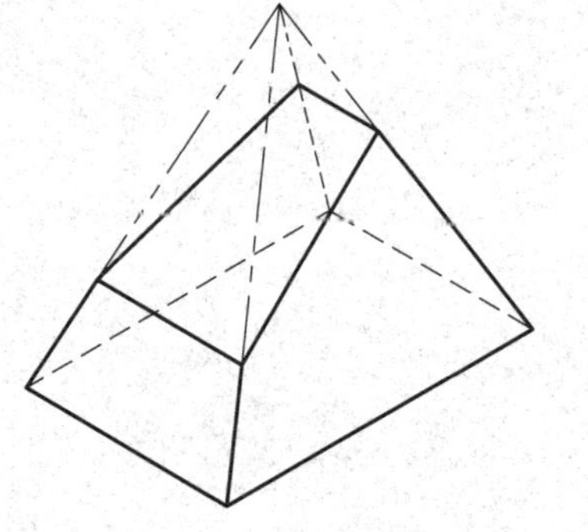

3-1 基本几何体的投影（二）

3. 完成下列曲面立体及其表面上各点的三面投影。

(1)

(a′) b′ (c″)

(2)

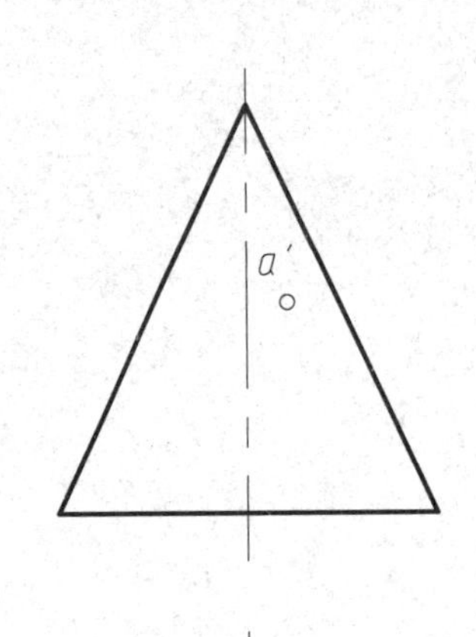

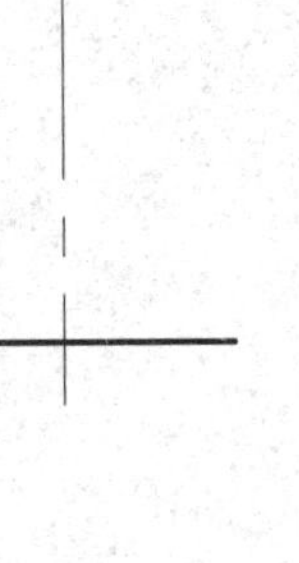

b

(3)

c′

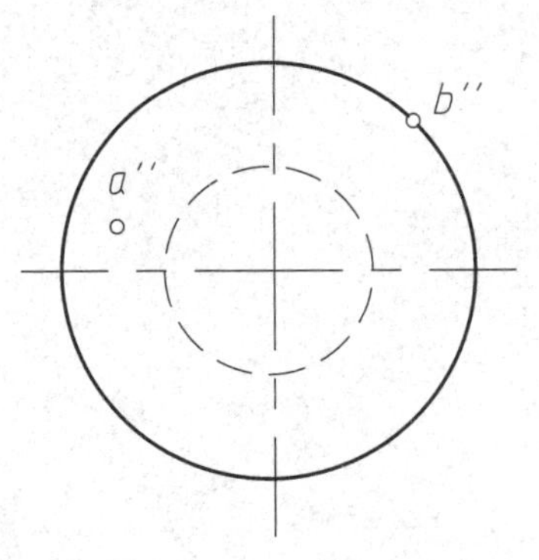

4. 完成下面球体表面上曲线AB和点C、D的三面投影。

(d′) a″ b″

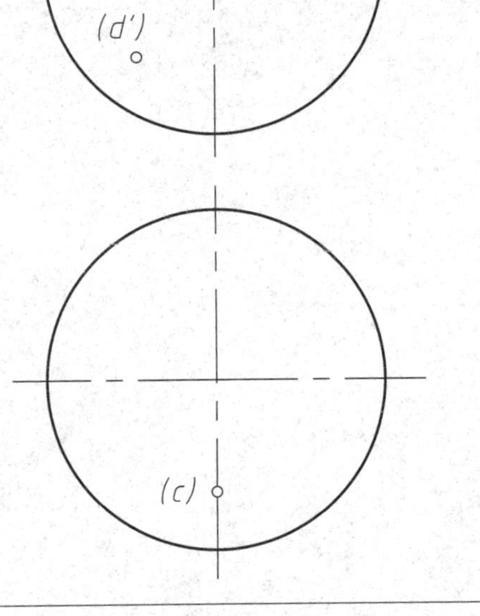

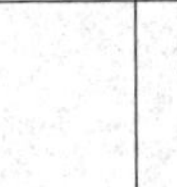

5. 完成下列曲面切割体的三面投影。

(1)

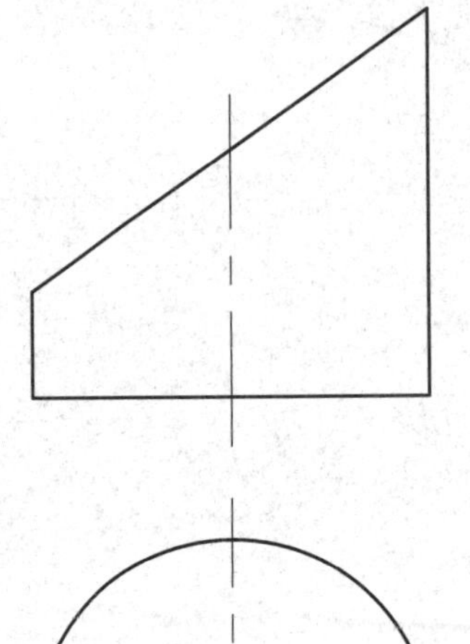

(2)

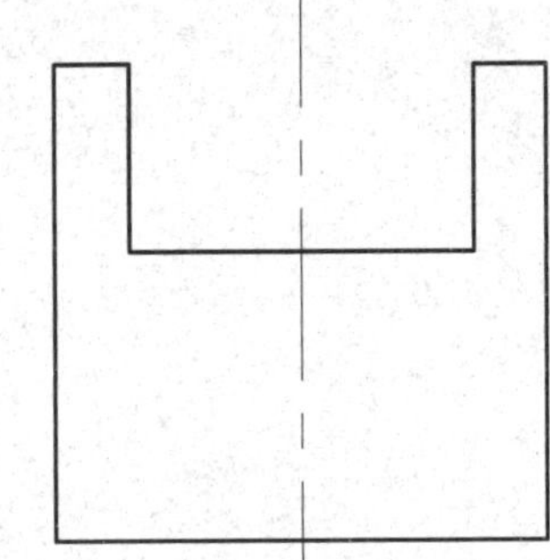

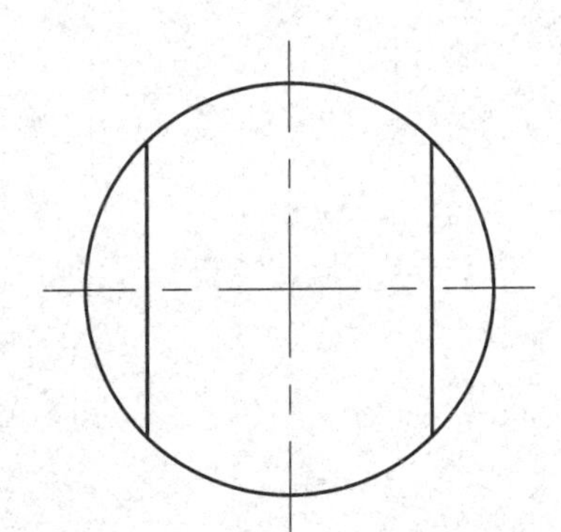

3-1 基本几何体的投影（三）

（续）5. 完成下列各曲面切割体的三面投影。

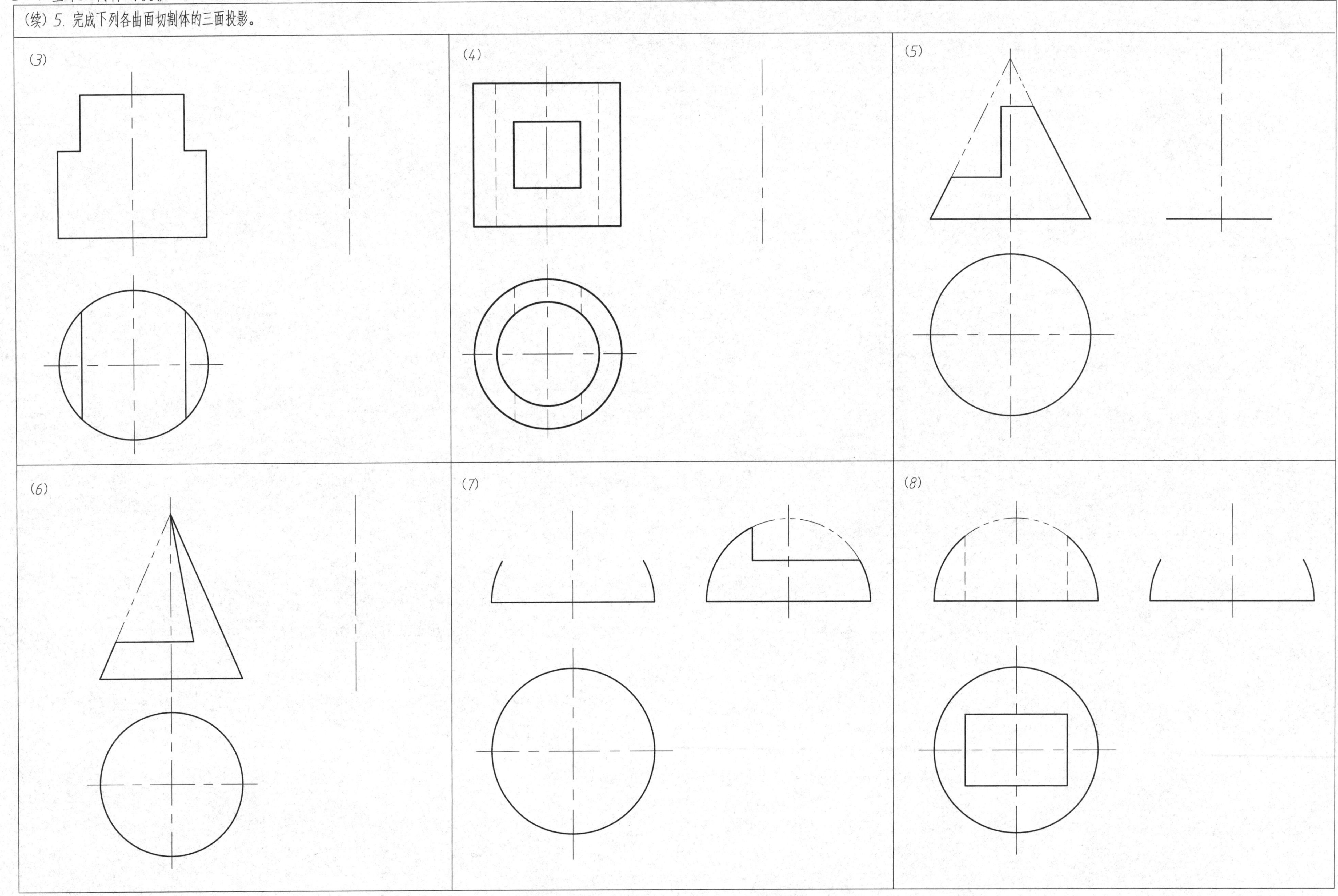

班级____________ 学号____________ 姓名____________

1. 分析立体内外表面的交线，并补全它们的三面投影。

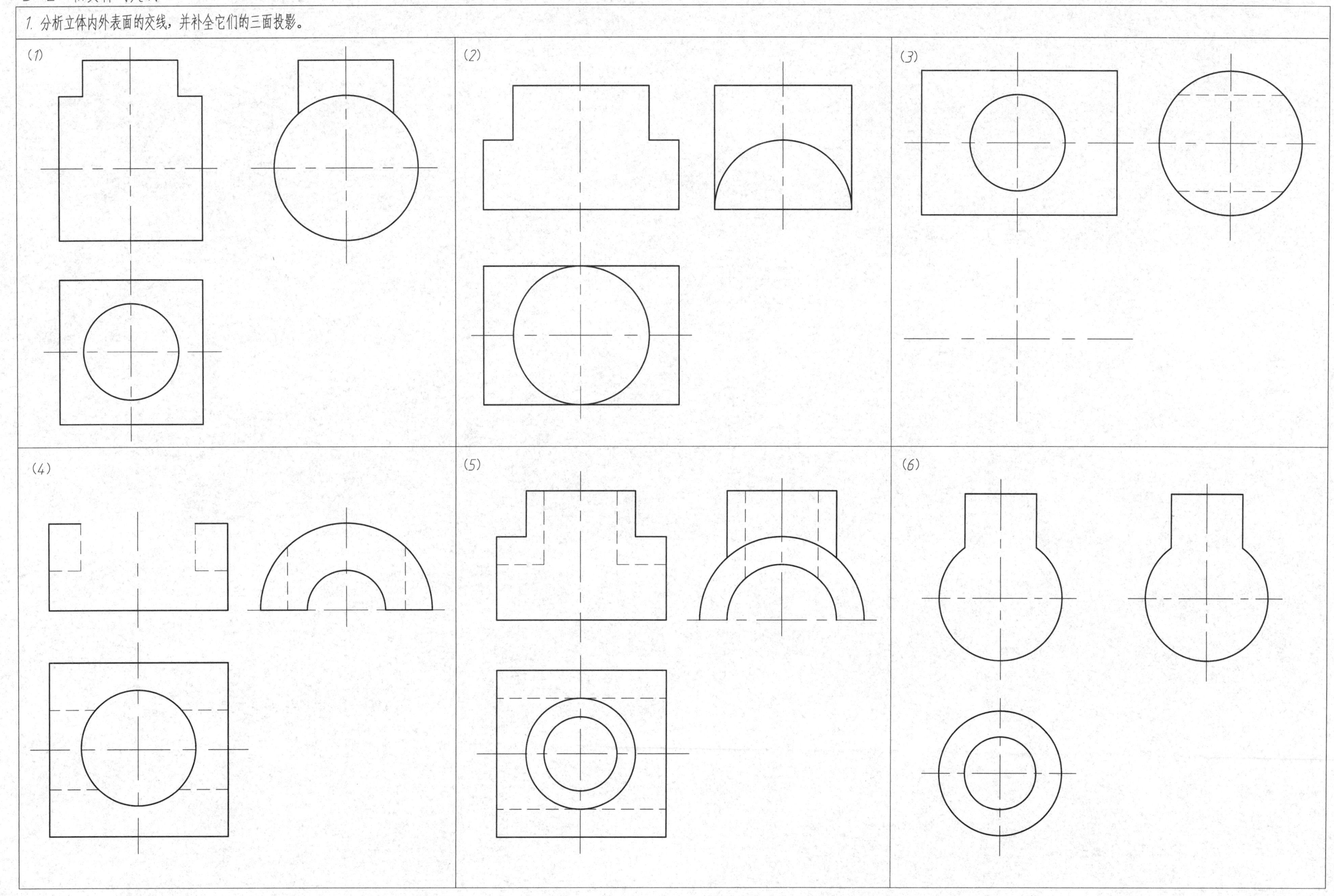

3-2 相贯体的交线（二）

2. 分析立体内外表面的交线，补全它们的三面投影。

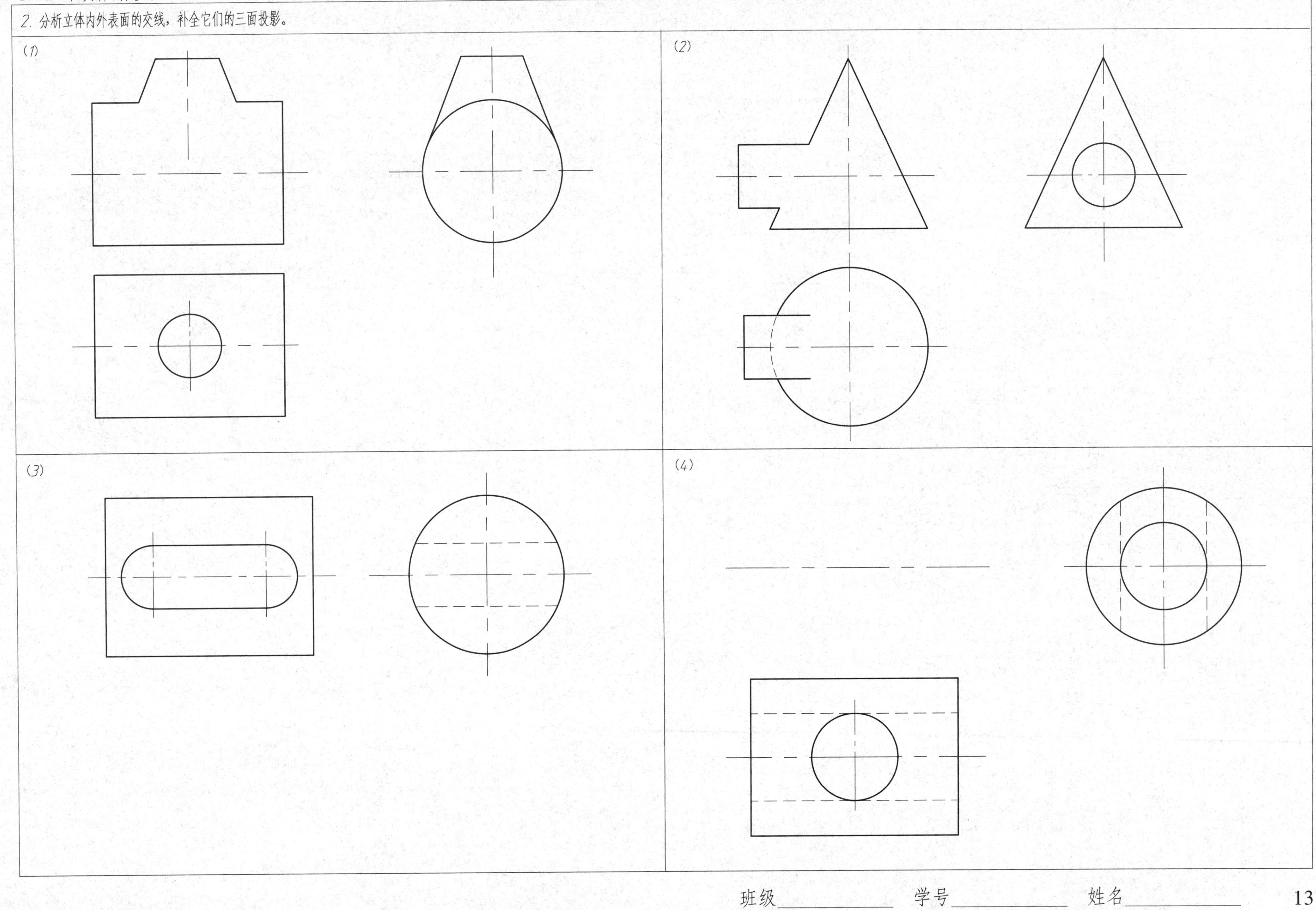

3-3 点、线、面、体综合练习（一）

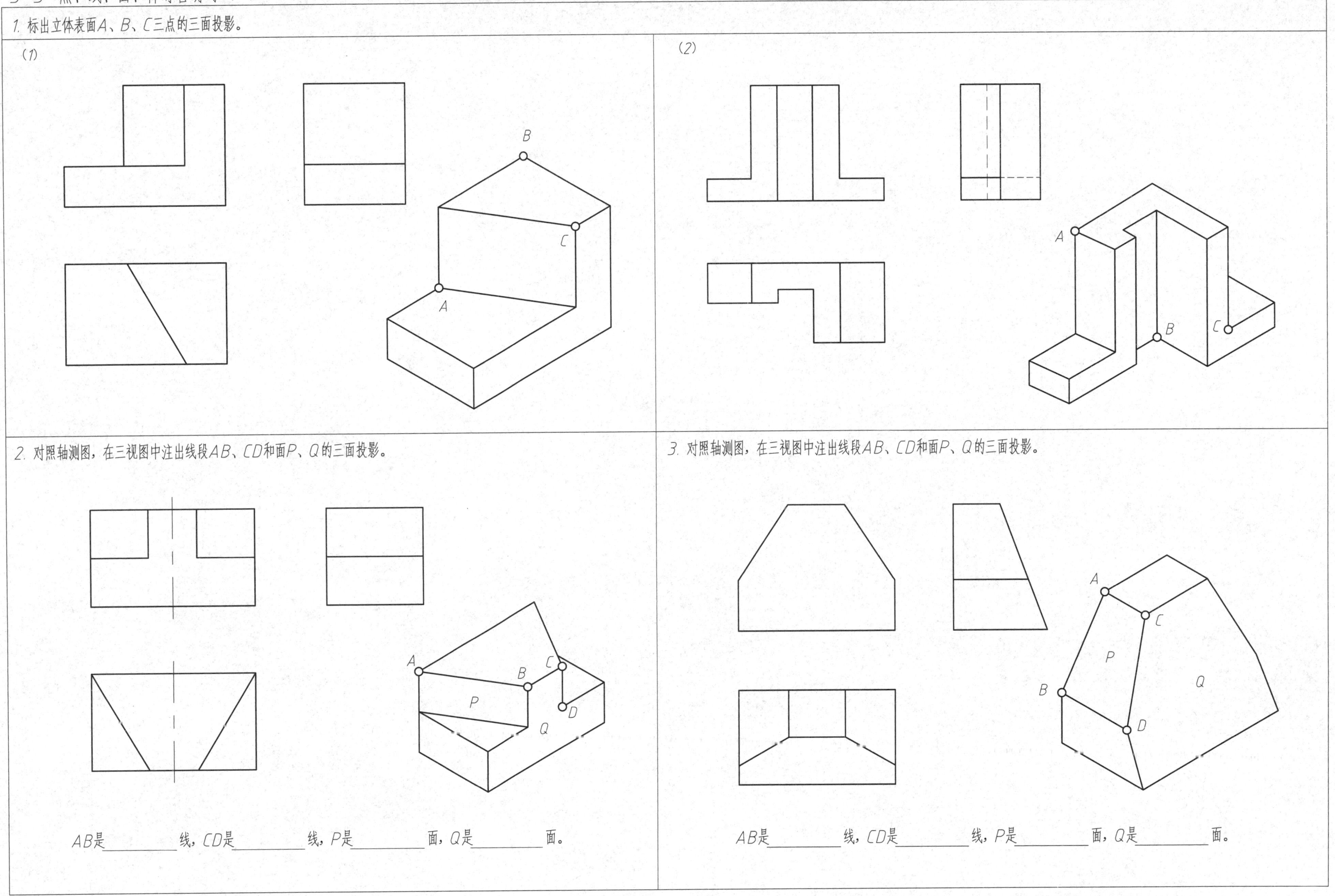

班级________ 学号________ 姓名________

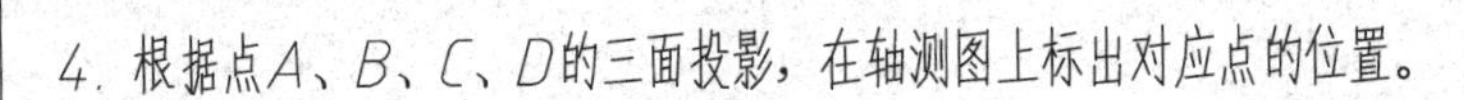

3-3 点、线、面、体综合练习（二）

4. 根据点A、B、C、D的三面投影，在轴测图上标出对应点的位置。

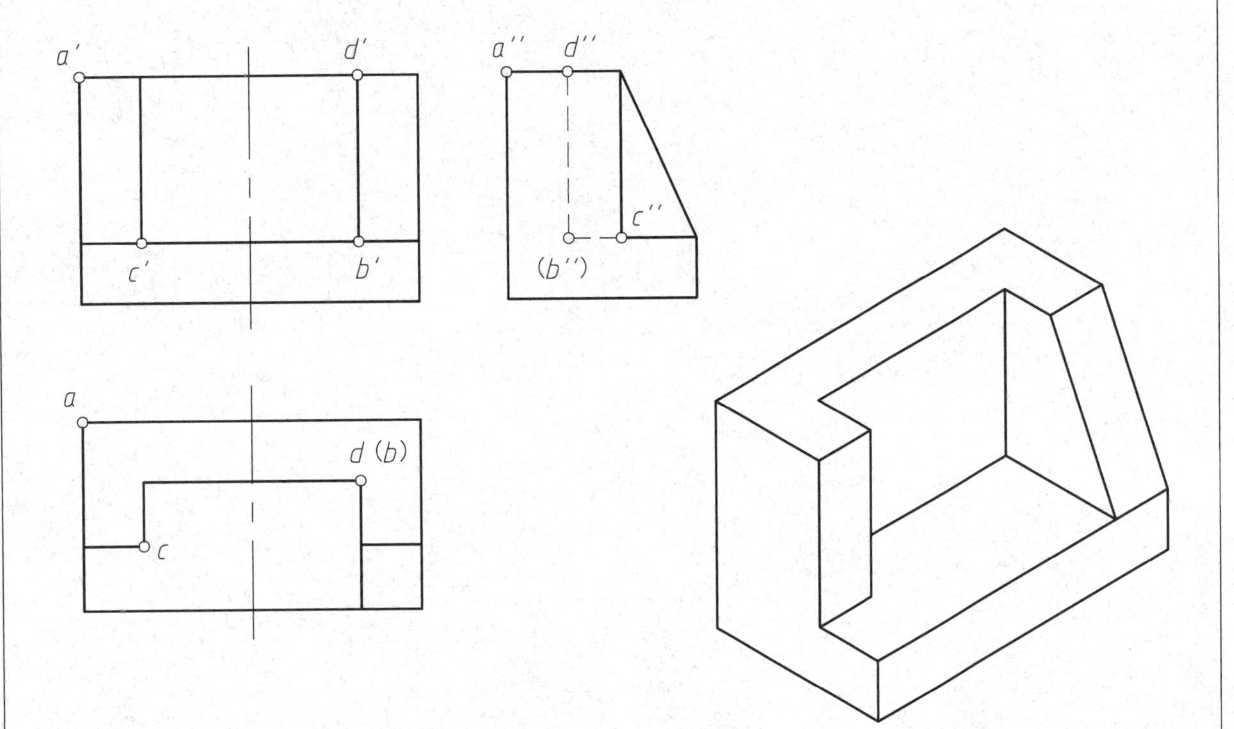

5. 补全线段AB、CD的投影，将面P的各面投影涂灰，并在轴测图中标出点A、B、C、D 的位置。

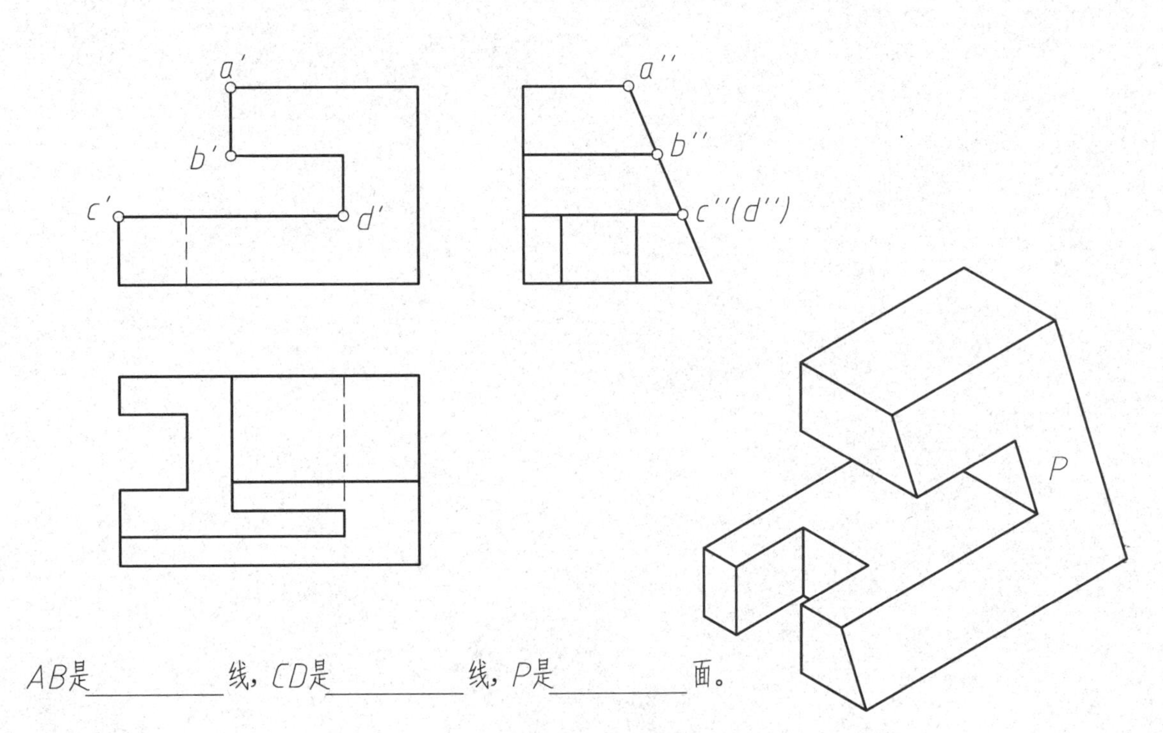

AB是________线，CD是________线，P是________面。

6. 对照轴测图，标出线段AB、DC、DE、BC的三面投影，并判断其位置关系。

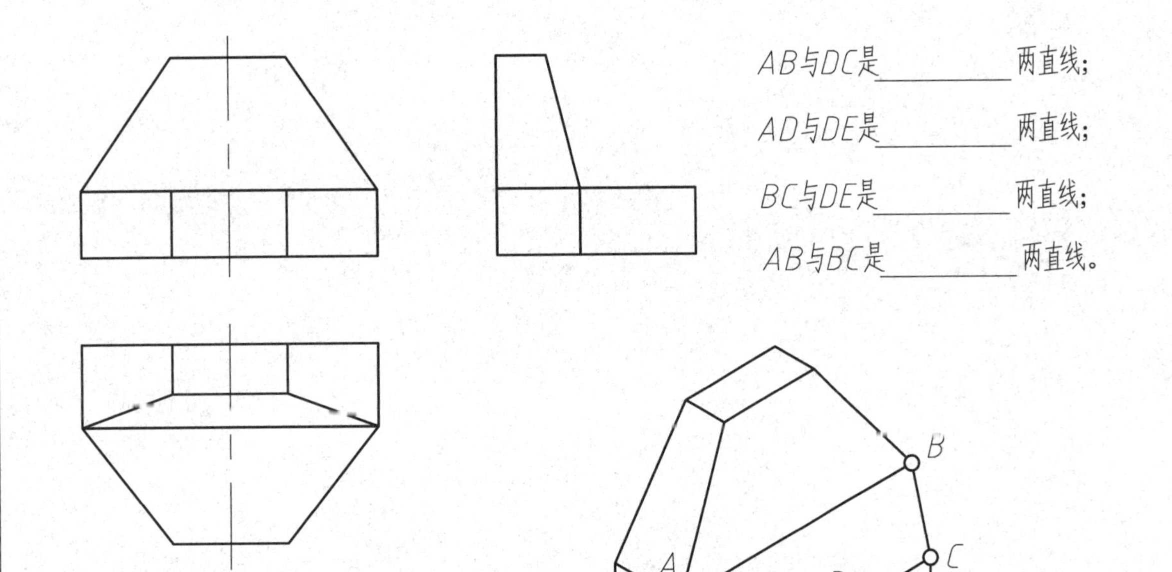

AB与DC是________两直线；

AD与DE是________两直线；

BC与DE是________两直线；

AB与BC是________两直线。

7. 在轴测图上标出点A、B、C、D、E、F、G的位置，并判断各线段的相对位置。

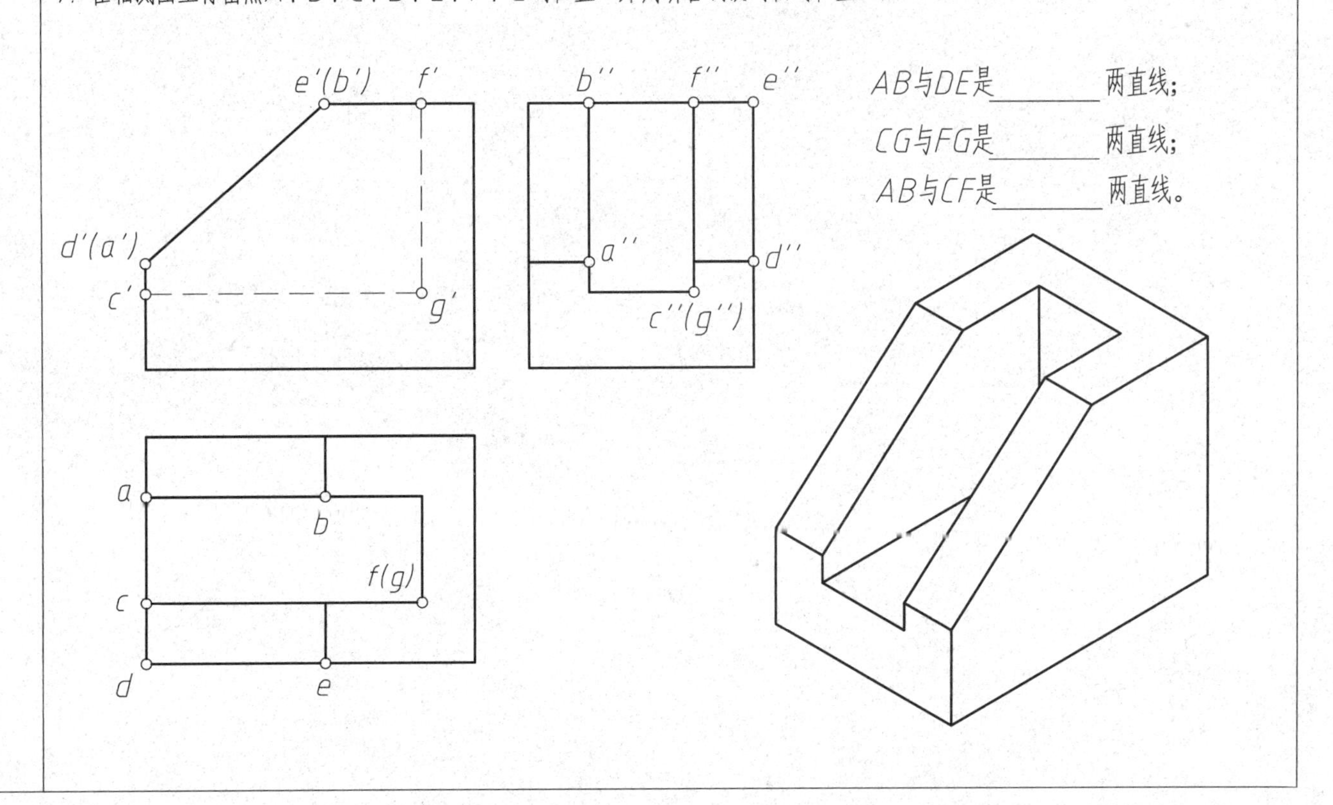

AB与DE是________两直线；

CG与FG是________两直线；

AB与CF是________两直线。

班级__________ 学号__________ 姓名__________

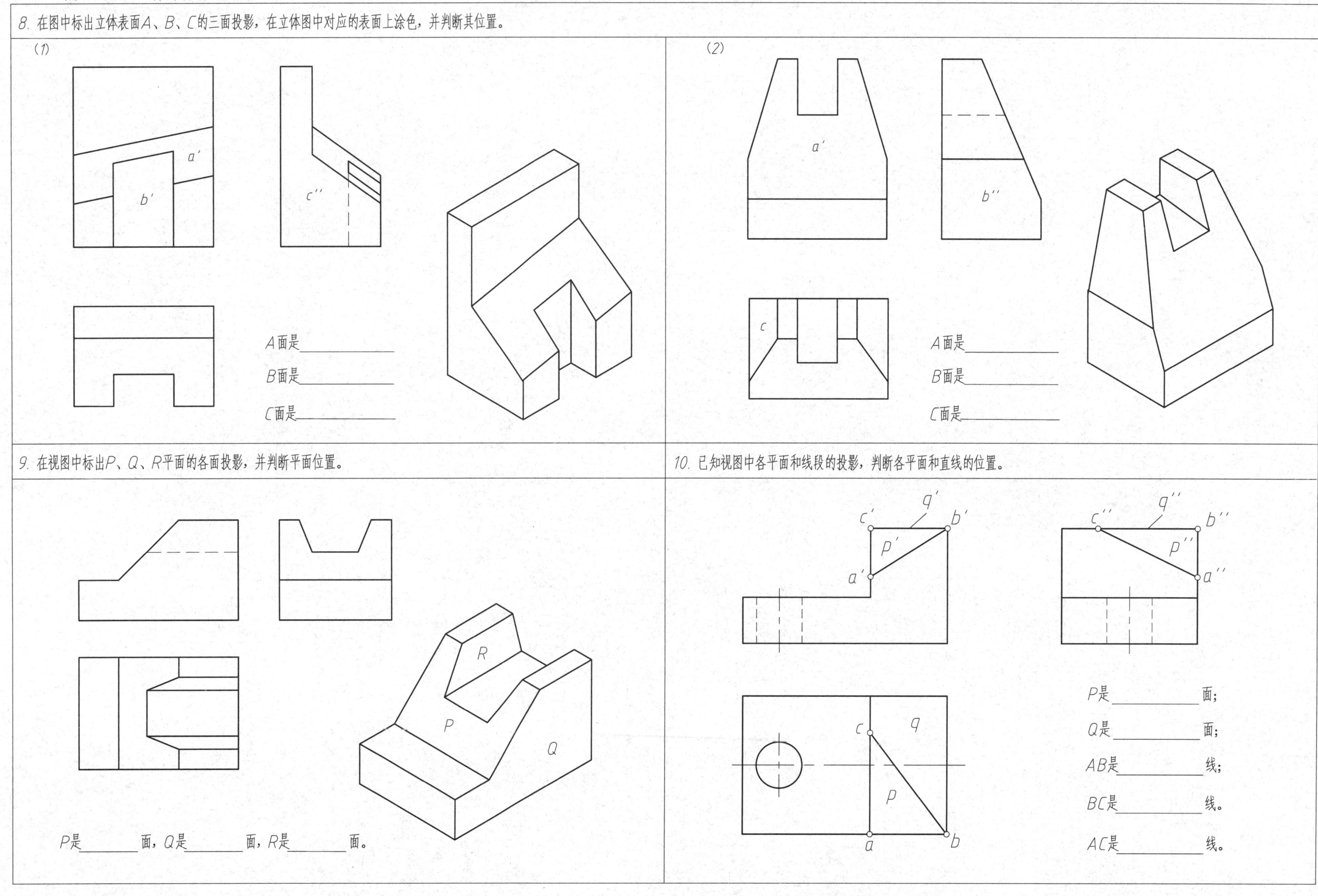
8. 在图中标出立体表面A、B、C的三面投影，在立体图中对应的表面上涂色，并判断其位置。
(1)
a′
b′
c″
A面是
B面是
C面是
(2)
a′
b″
c
A面是
B面是
C面是
9. 在视图中标出P、Q、R平面的各面投影，并判断平面位置。
R
P
Q
P是 面，Q是 面，R是 面。
10. 已知视图中各平面和线段的投影，判断各平面和直线的位置。
q′
c′
b′
p′
a′
q″
c″
b″
p″
a″
c
q
p
a
b
P是 面；
Q是 面；
AB是 线；
BC是 线。
AC是 线。

4-1 组合体的连接关系

三视图的形成和投影关系（第1、2题补画组合体视图中所缺图线，第3～7题可参照立体图补画图中所缺图线）。

1.

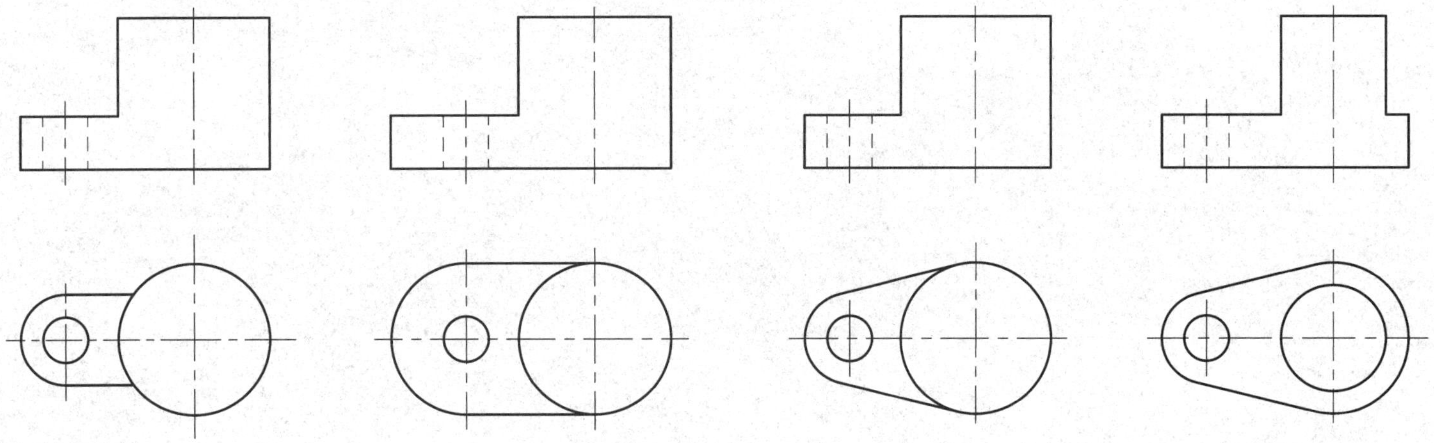

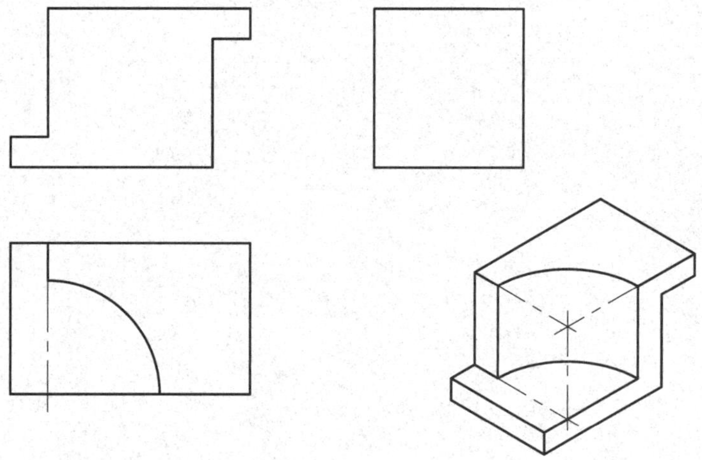

2.

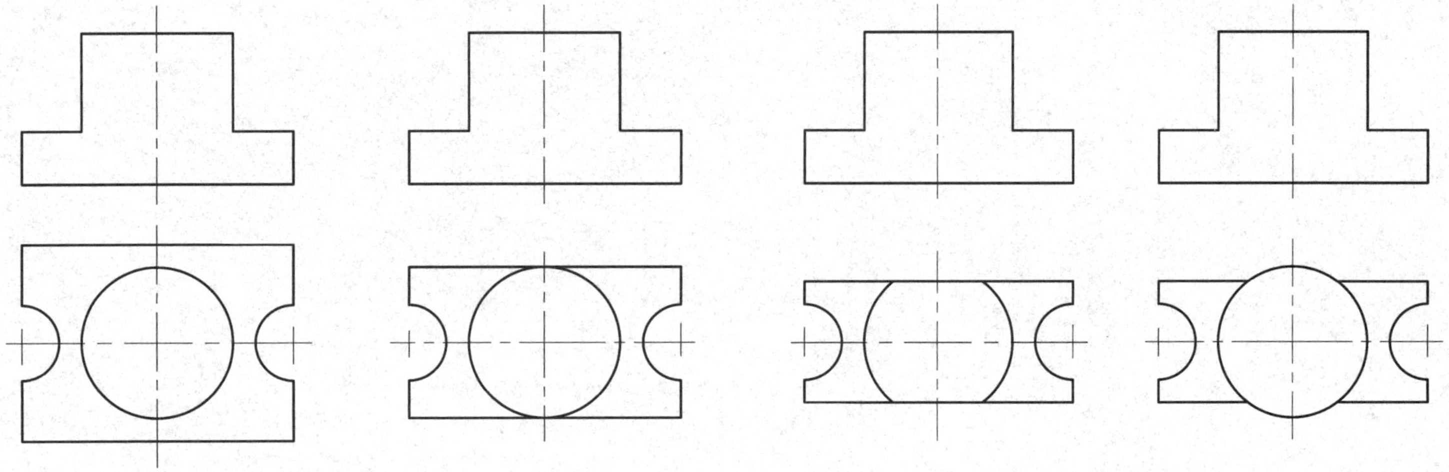

3.

4.

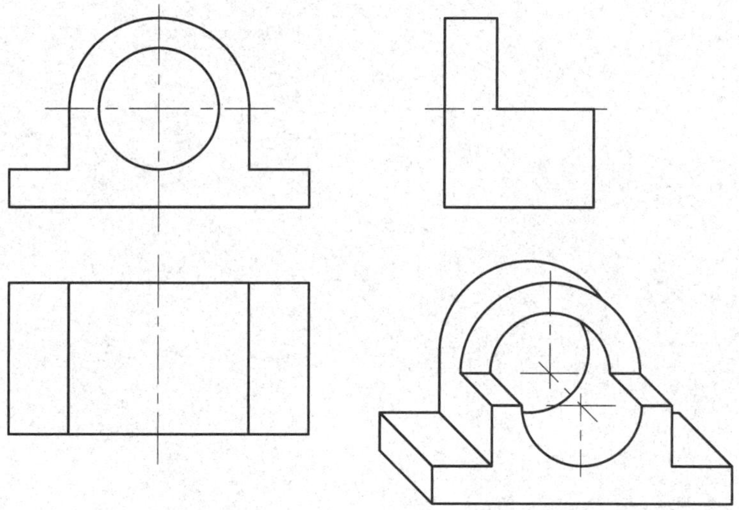

5.

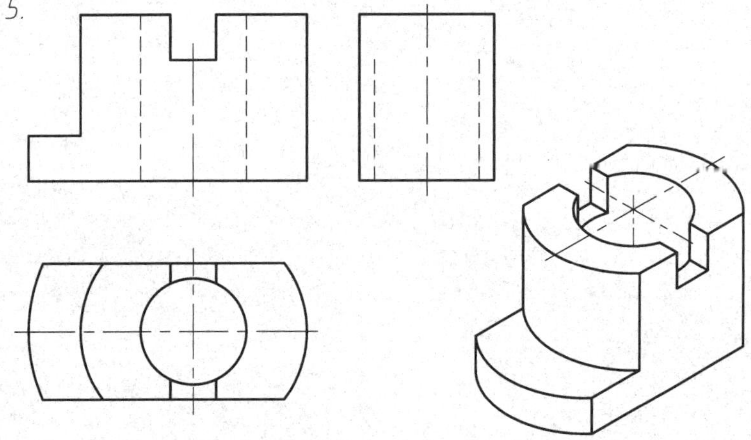

6.

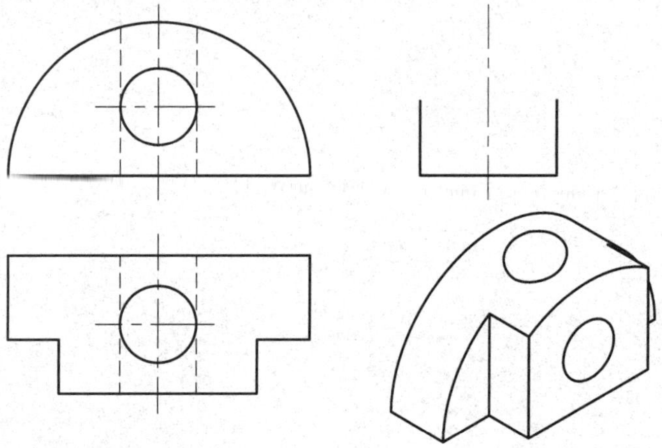

7.

班级________ 学号________ 姓名________

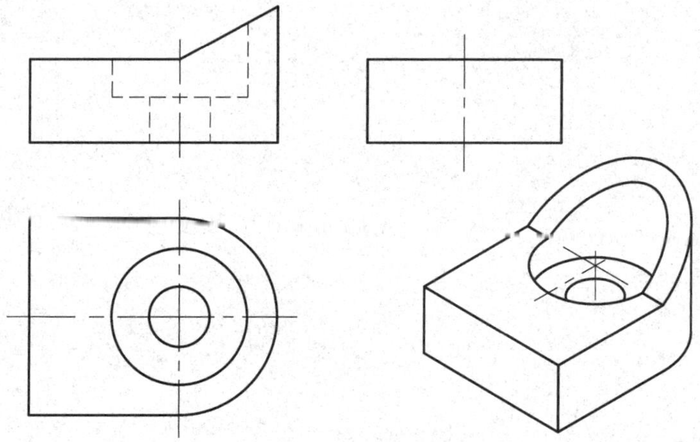

4-2 组合体的画法（一）

1. 根据轴测图补画其他视图或所缺图线。

班级________ 学号________ 姓名________

2. 任选六个立体图，在下面粗线框内按细线格数量徒手画出组合体三视图的草图（槽和孔均为通槽和通孔，曲面是圆柱面）。

(1) (2) 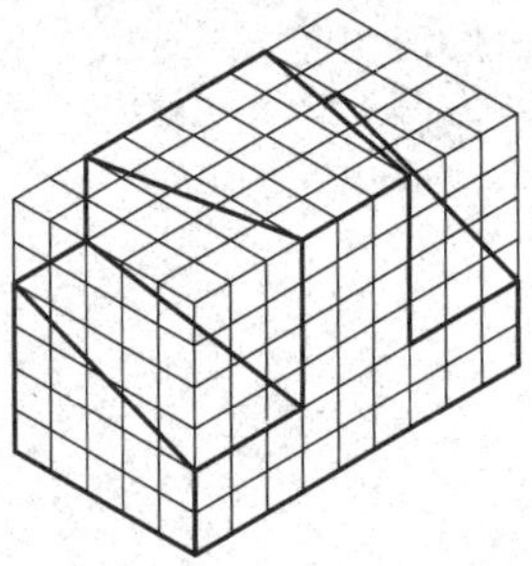 (3) 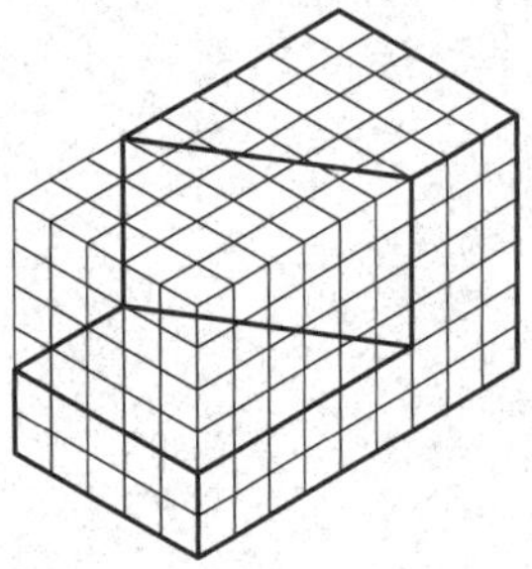 (4) 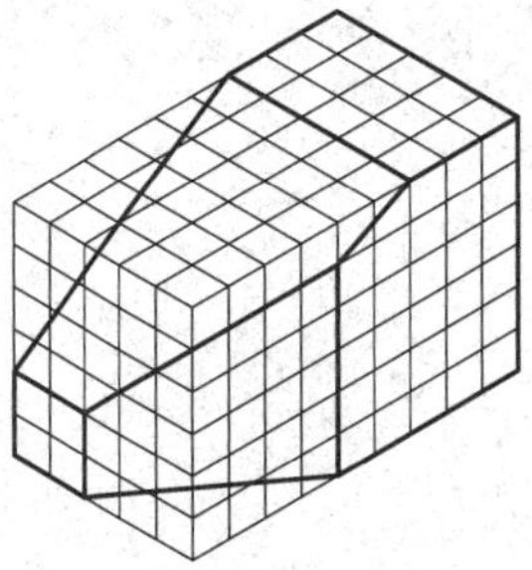 (5) 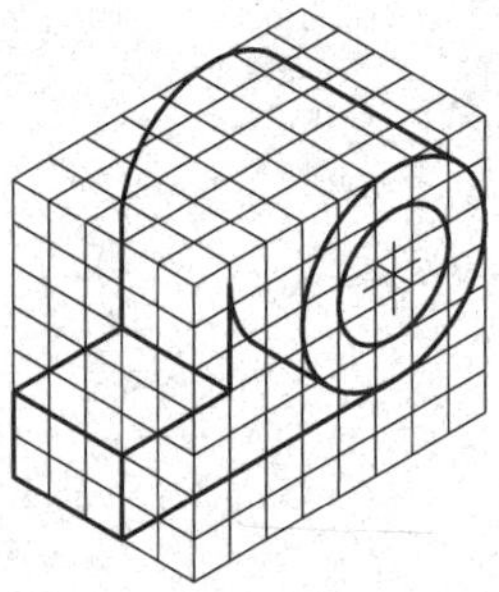 (6) 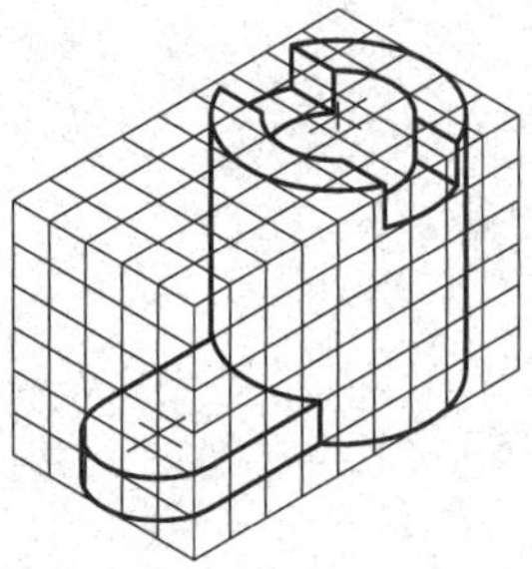 (7) 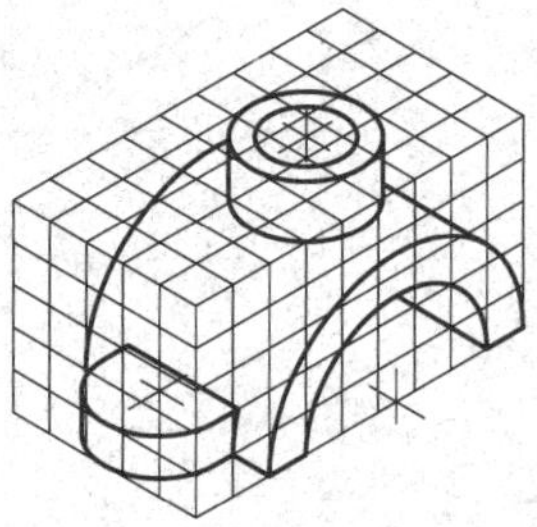 (8)

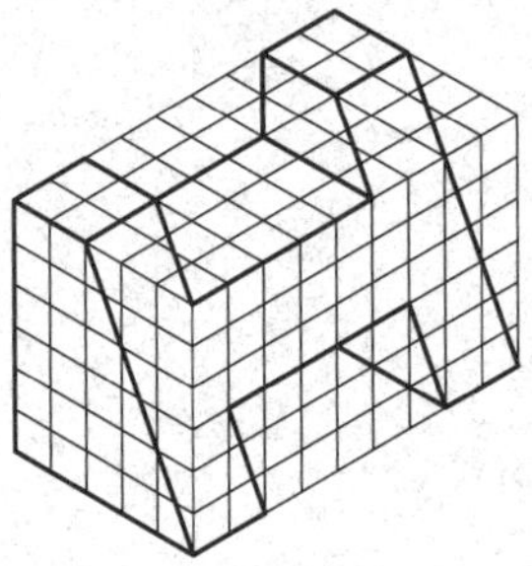

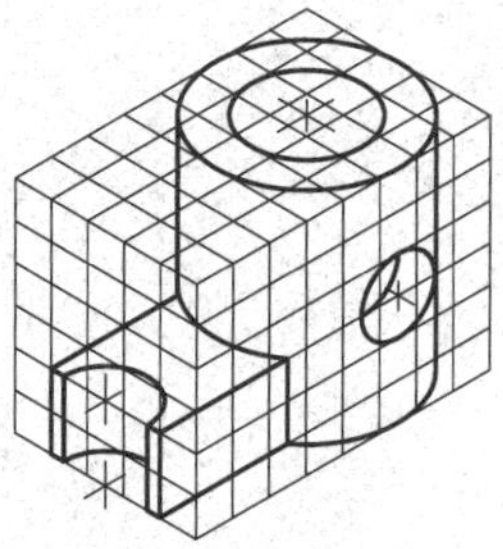

(1) (2) (3)

(4) (5) (6)

3. 根据组合体的正等轴测图，补全视图中图线或按图中尺寸采用1∶1比例绘出三视图。

(1)

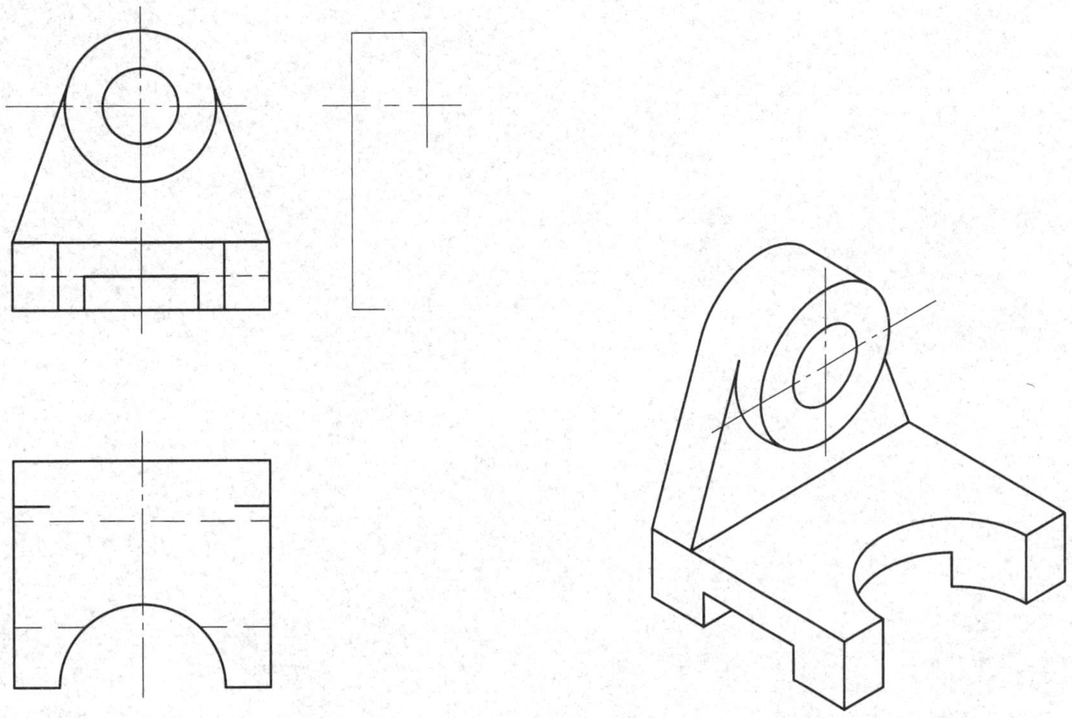

(2)

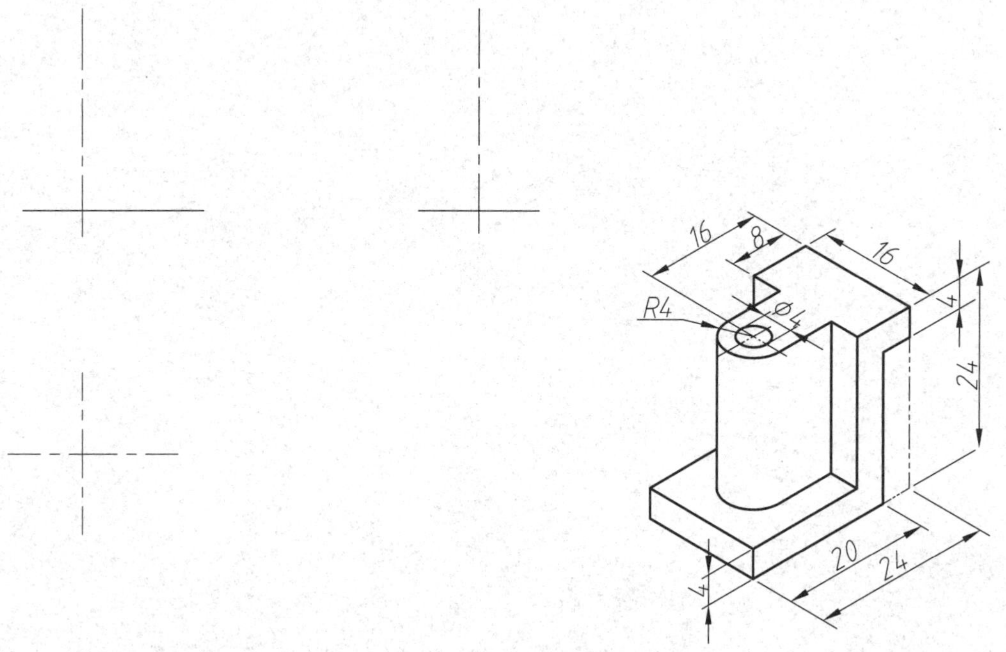

(3)

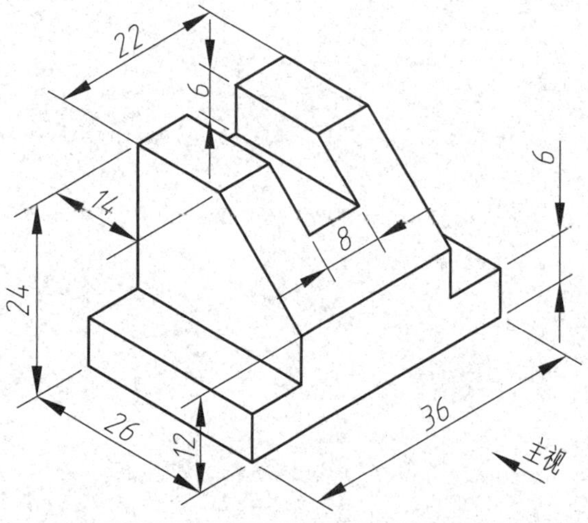

(4)

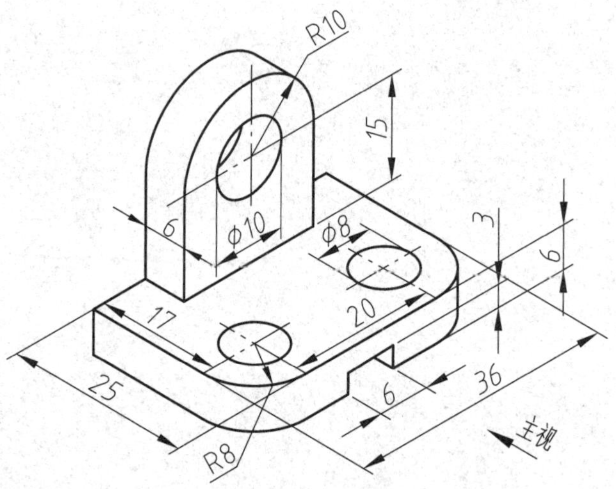

班级______ 学号______ 姓名______

4-3 组合体的尺寸标注

组合体的尺寸标注（第1题按立体图标注尺寸，第2~5题从视图中直接量取尺寸标注，数值取整数，小圆角不注尺寸）。

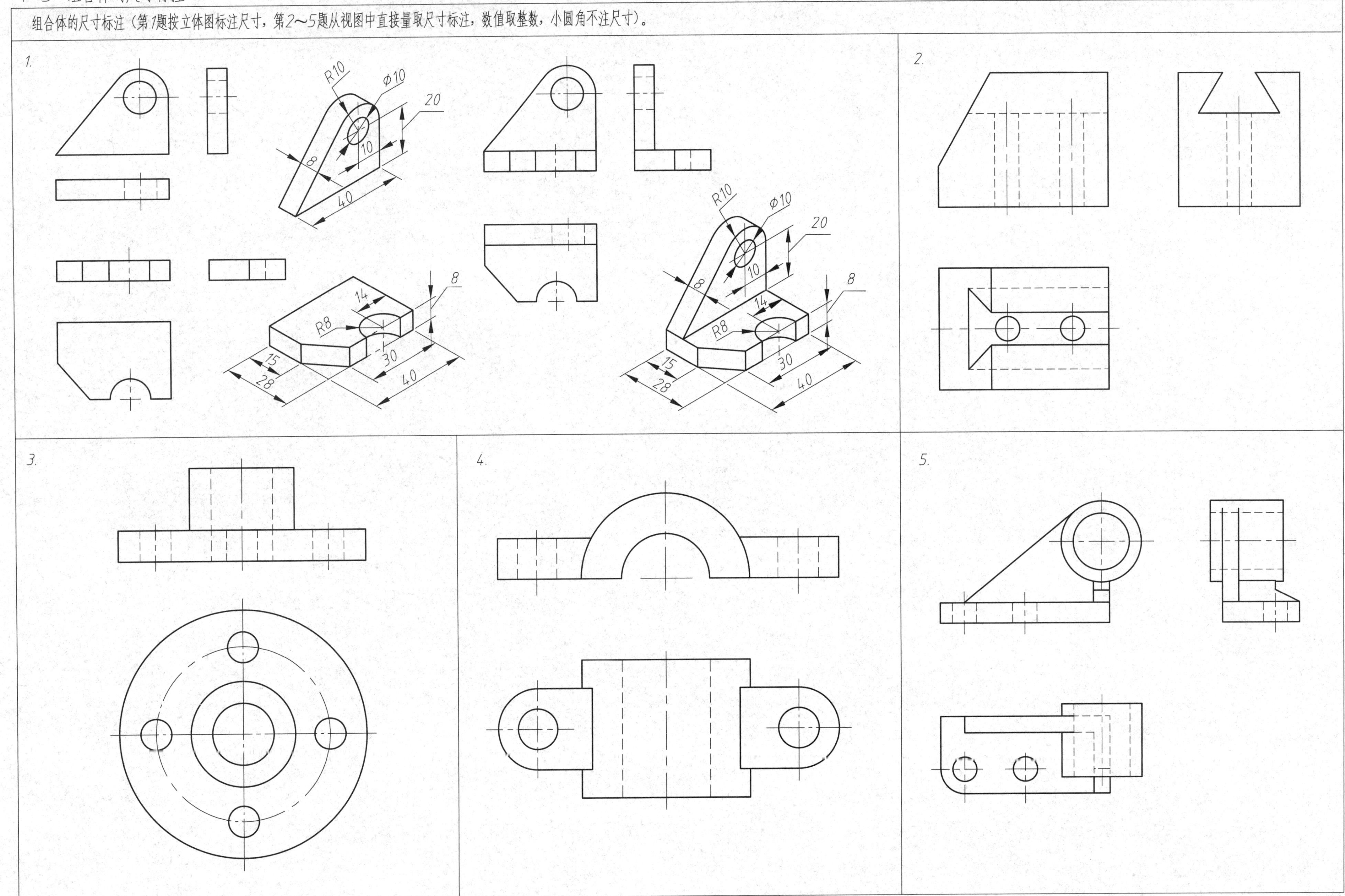

班级________ 学号________ 姓名________

4-4　组合体的线面分析

在组合体上作线面分析（对指定的图线和线框标出其他投影，并判别它们与投影面以及相互之间的相对位置，第1～4题要补画视图中所缺图线）。

1. c′ B′ d′ A

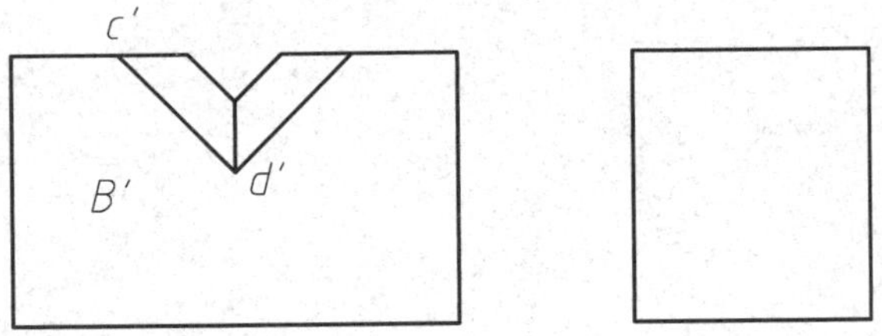

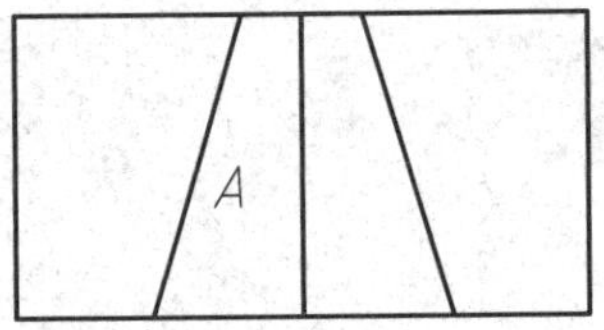

(1) 面A是______面；
(2) 面B是______面；
(3) CD是______线。

2. A′ B′ C′ D′

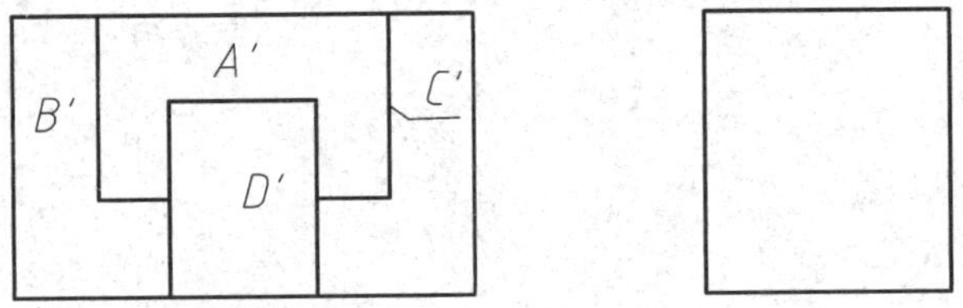

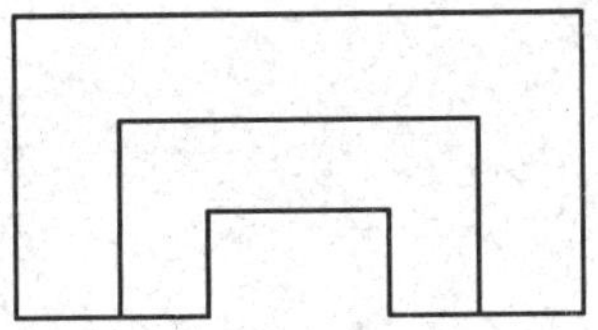

(1) 面A是______面；
(2) 面C是______面；
(3) 面B在面D之______。

3. n′ C′ m′ D′ A

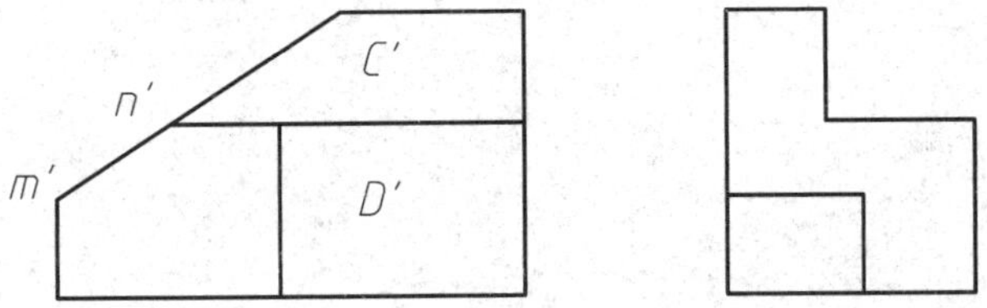

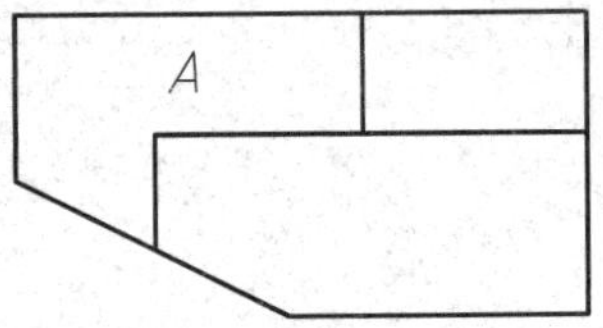

(1) 面A是______面；
(2) MN是______线；
(3) 面D在面C之______。

4. e′ A′ d′ B C

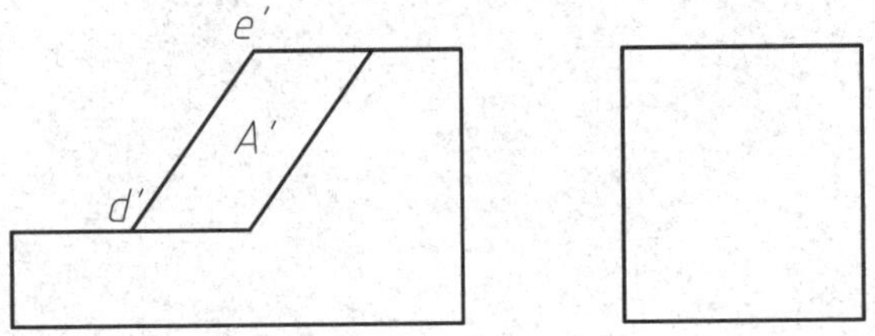

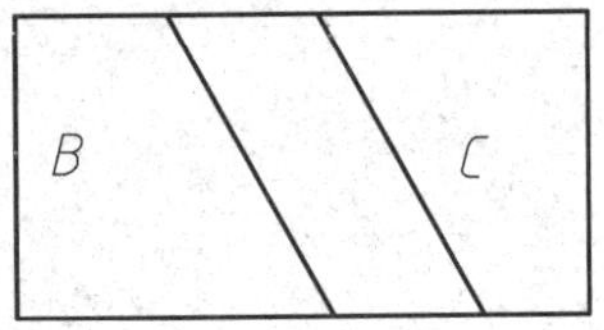

(1) 面A是______面；
(2) 面B在面C之______；
(3) DE是______线。

5. A″ B″ C D

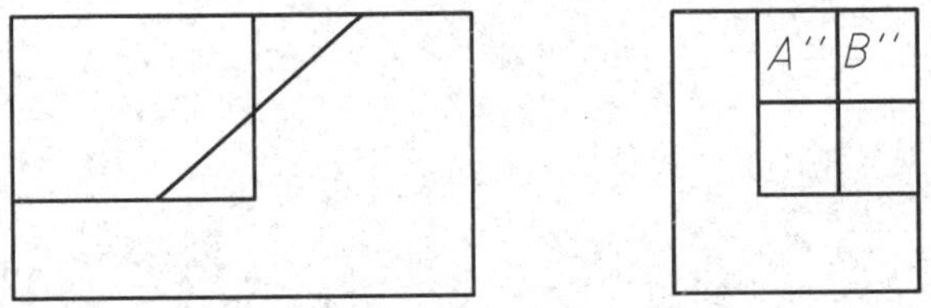

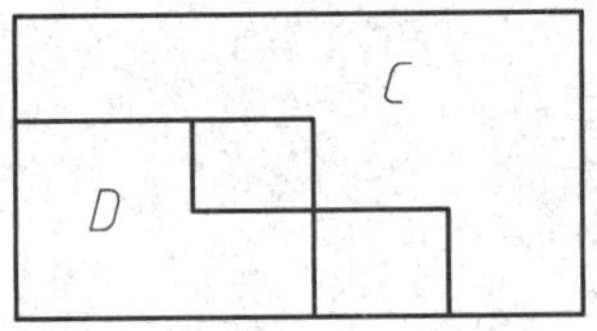

(1) 面A是______面；
(2) 面B是______面；
(3) 面C在面D之______。

6. Q′ A P B

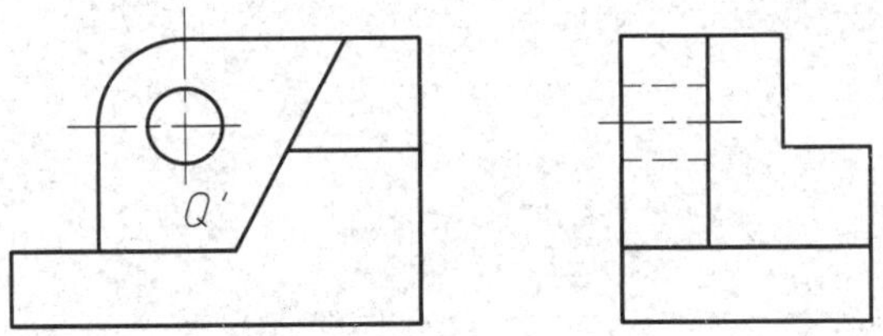

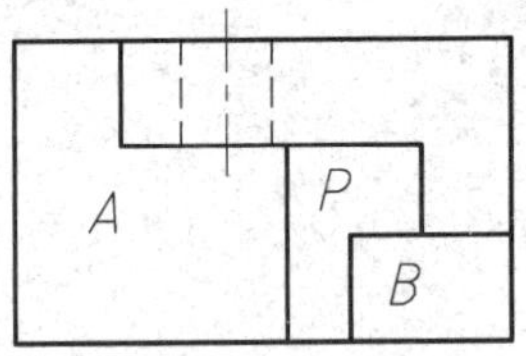

(1) 面P是______面；
(2) 面A在面B之______；
(3) 面Q是______面。

7. A′ B″ C

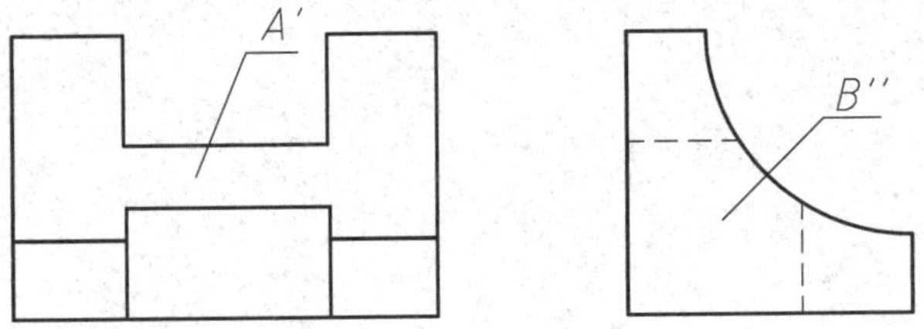

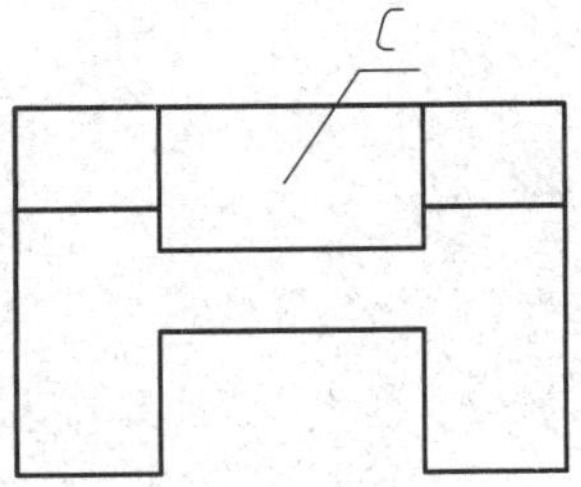

(1) 面A是______面；
(2) 面B是______面；
(3) 面C是______面。

8. A B E F C D

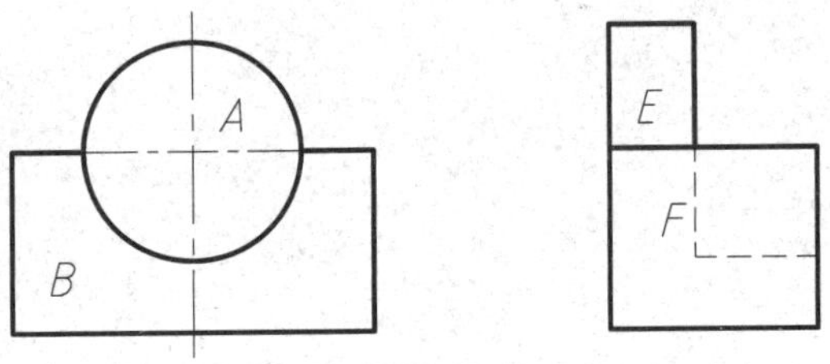

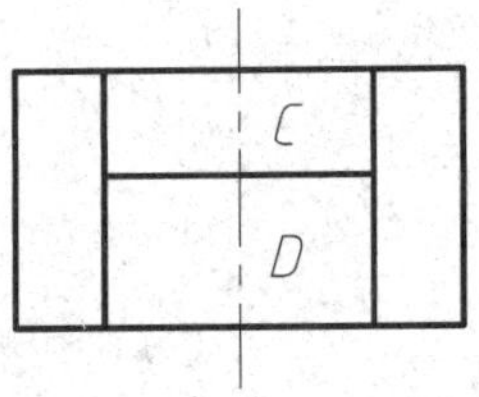

(1) 面A在面B之______（前、后）；
(2) 面C在面D之______（上、下）；
(3) 面E在面F之______（左、右）；
(4) 面E表示______面。

9. A′ C′ B′

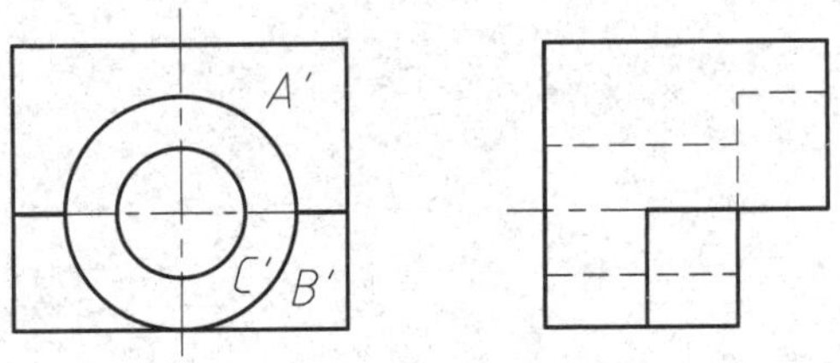

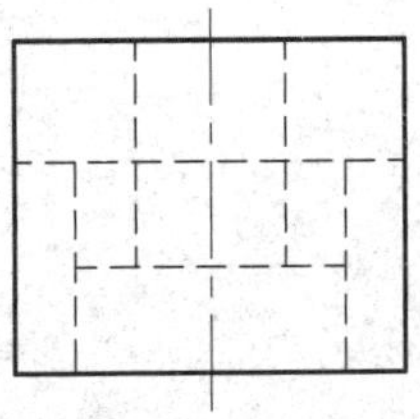

(1) 面A在面B之______；
(2) 面B在面C之______。

班级______　学号______　姓名______

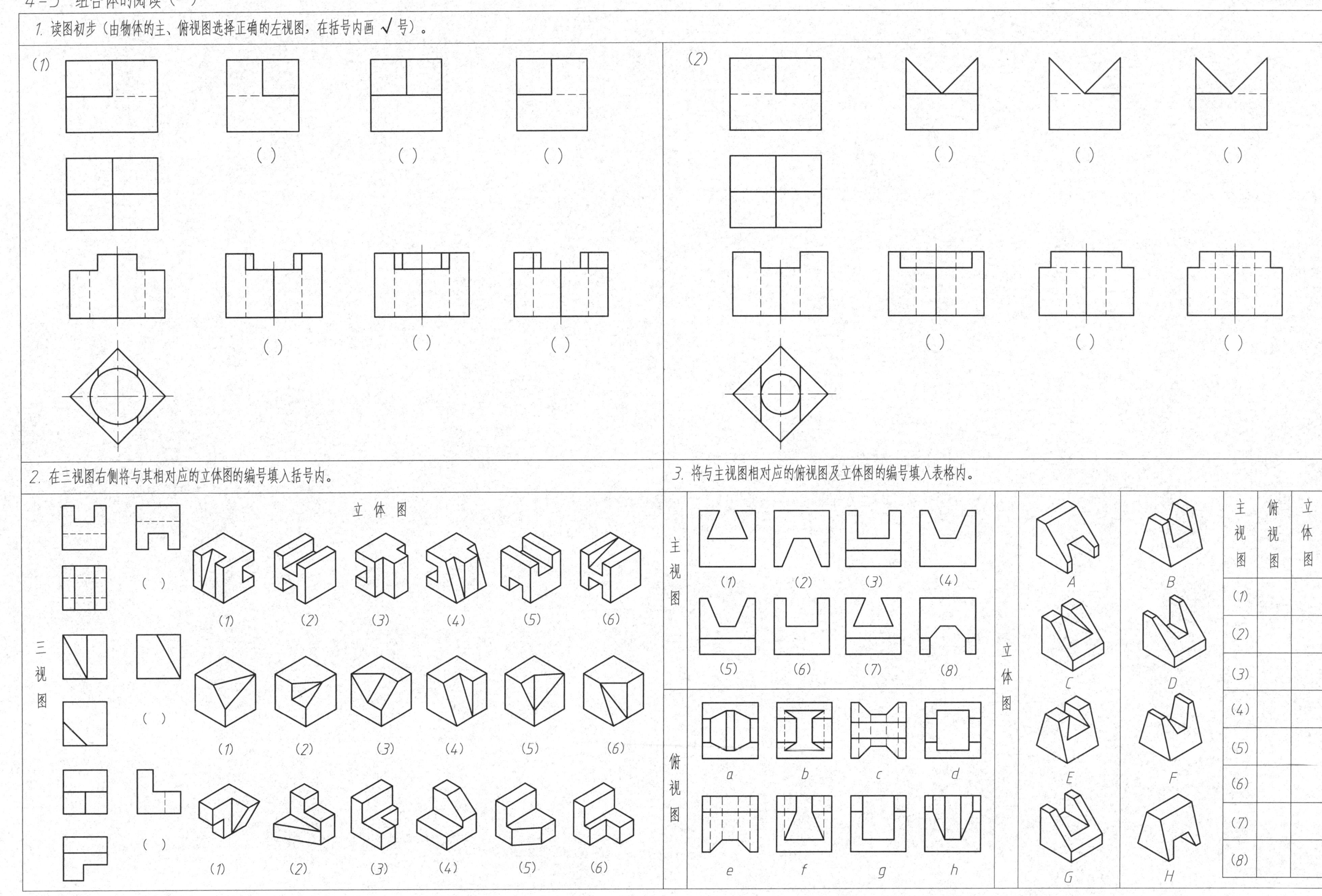

主视图	俯视图	立体图
(1)		
(2)		
(3)		
(4)		
(5)		
(6)		
(7)		
(8)		

4. 读懂两视图后，补画第三视图。

(1)

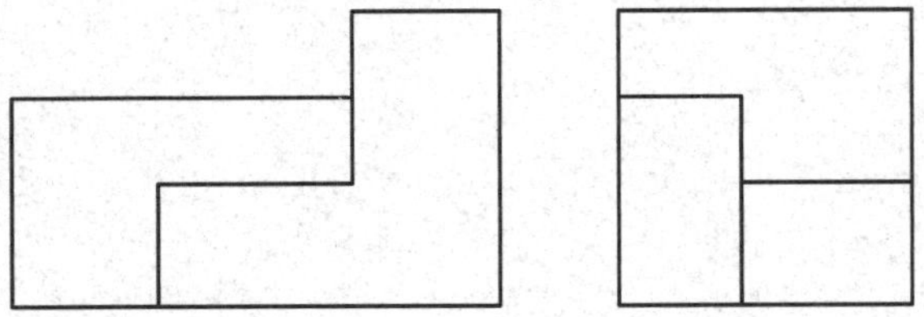

(2)

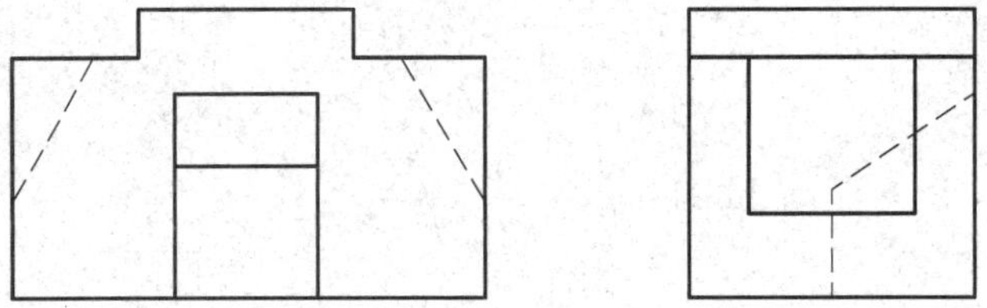

(3)

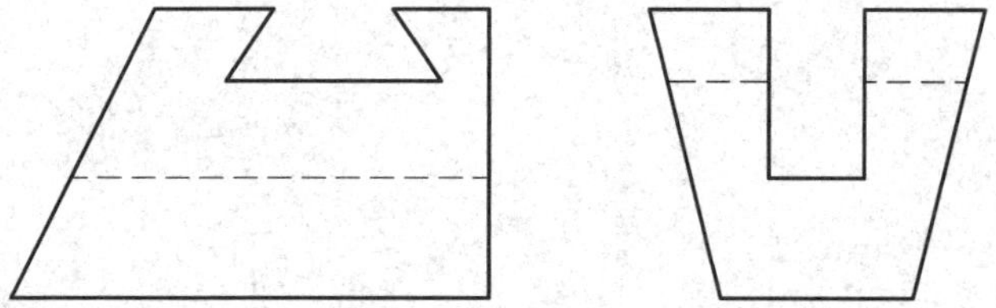

(4)

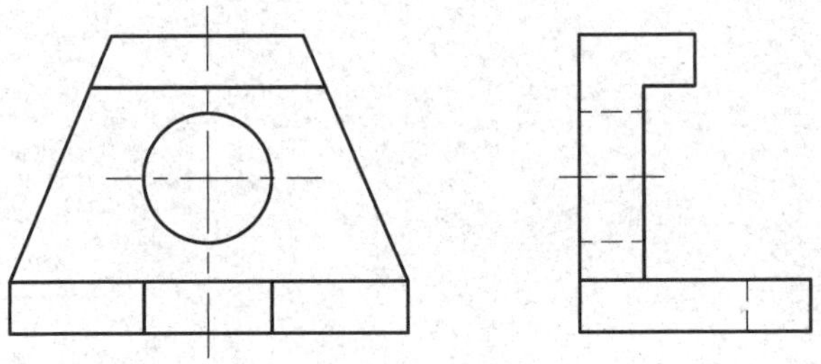

(5)

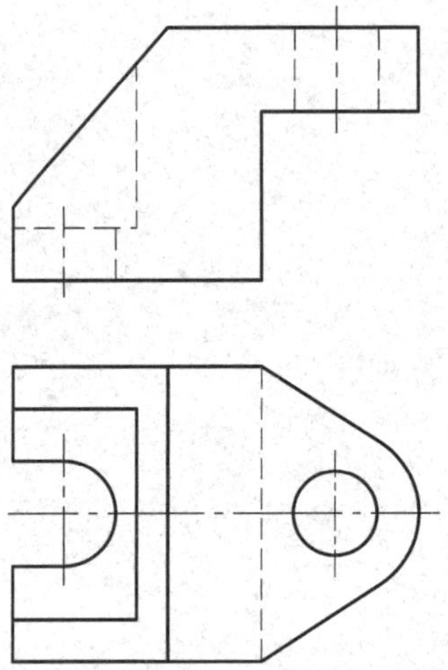

(6)

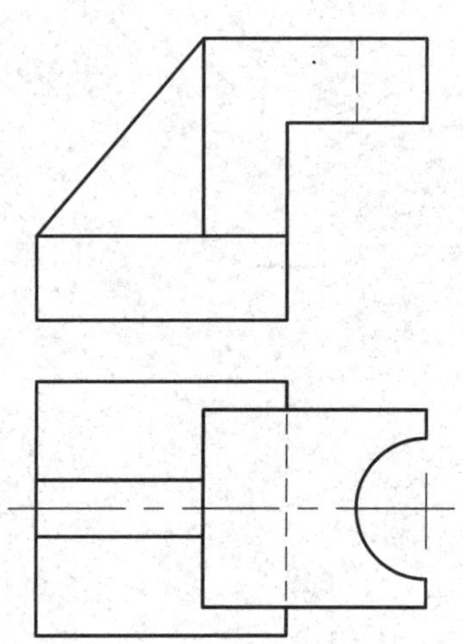

(7)

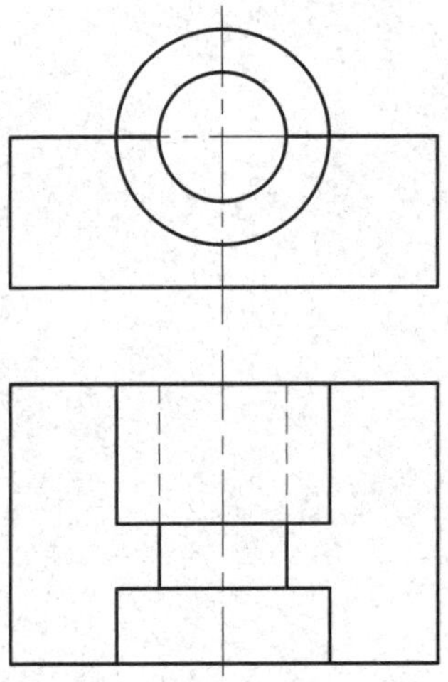

(8)

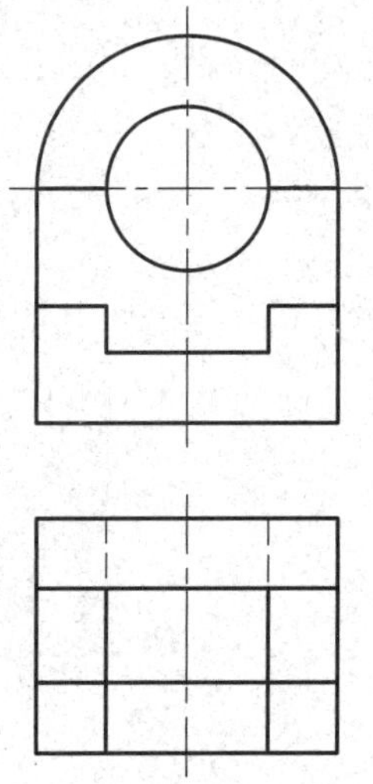

(9)

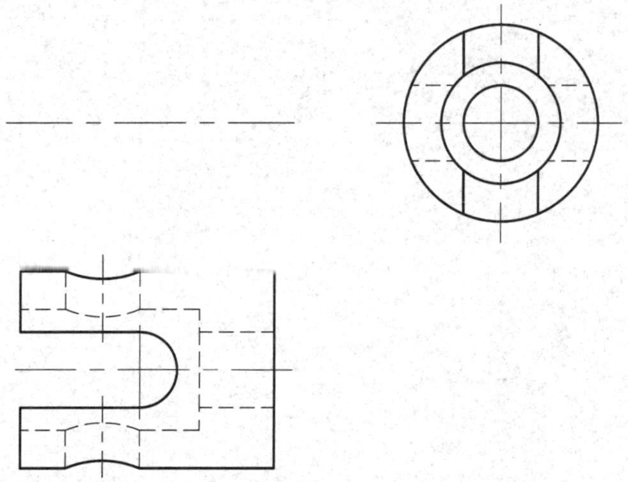

5. 读懂两视图，补画第三视图及视图中所缺的图线。

(1)

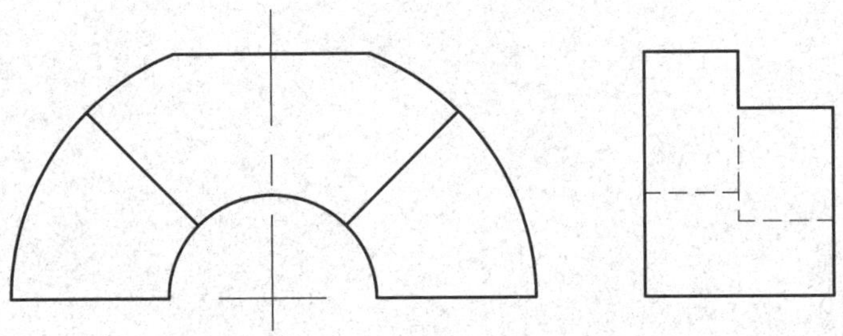

(2)

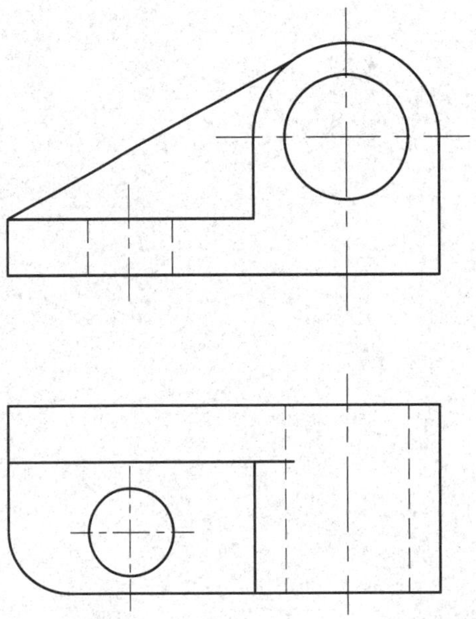

(3)

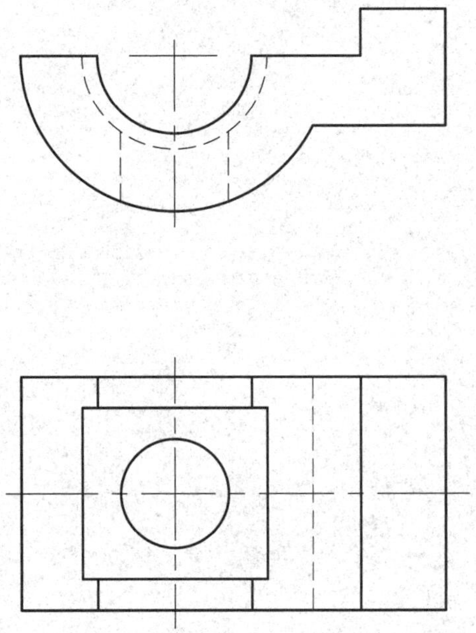

(4)

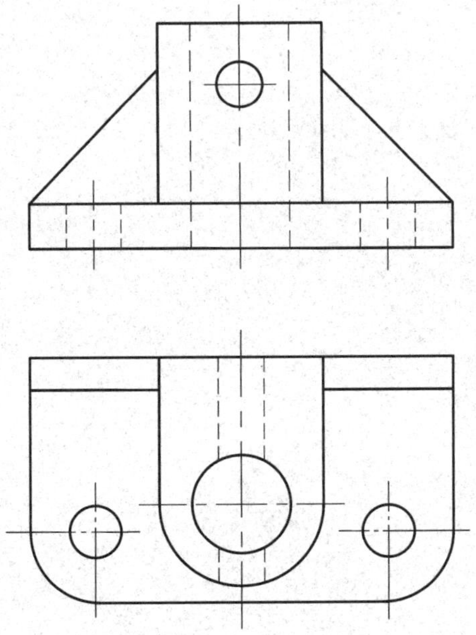

(5)

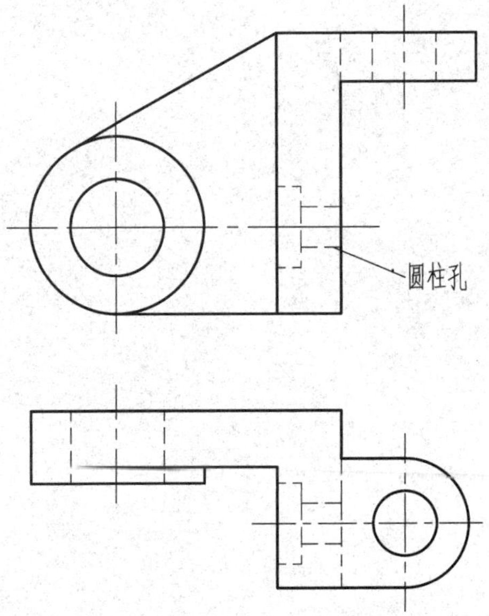

圆柱孔

(6)

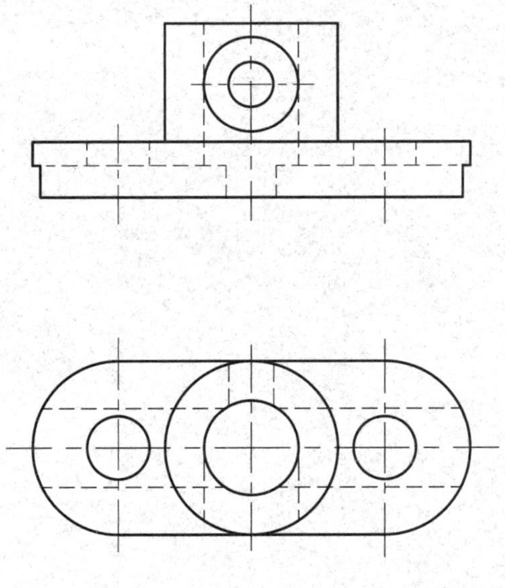

班级________ 学号________ 姓名________

4-6 轴测图（一）

1. 补画给出视图中所缺的图线，然后根据视图画正等轴测图。

(1)

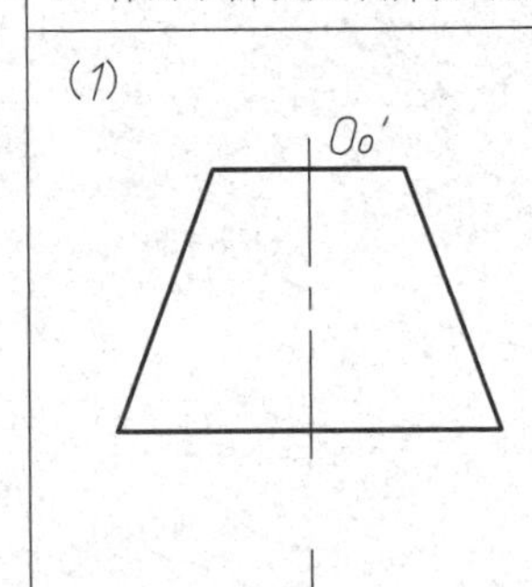

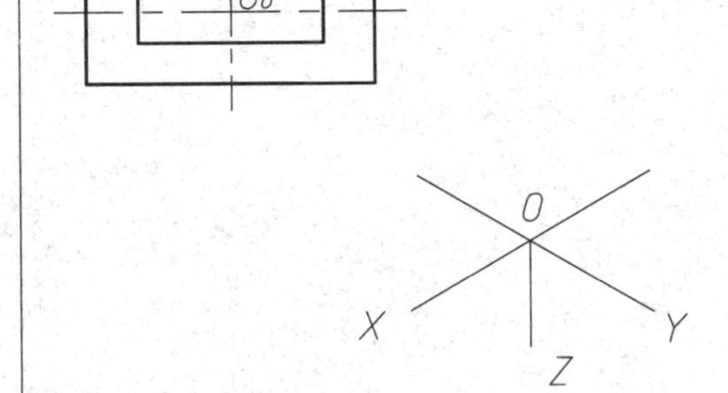

(2)

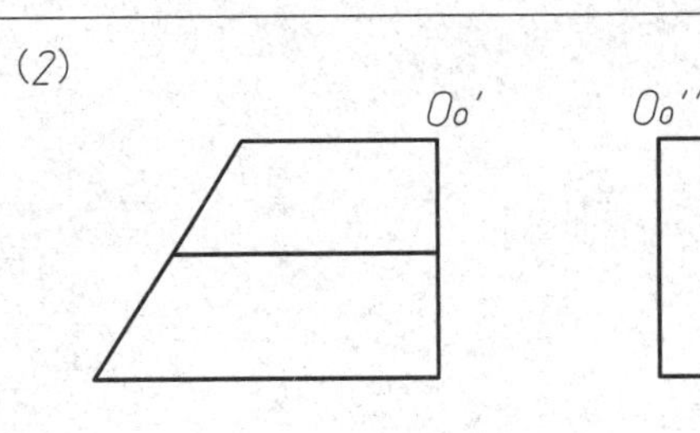

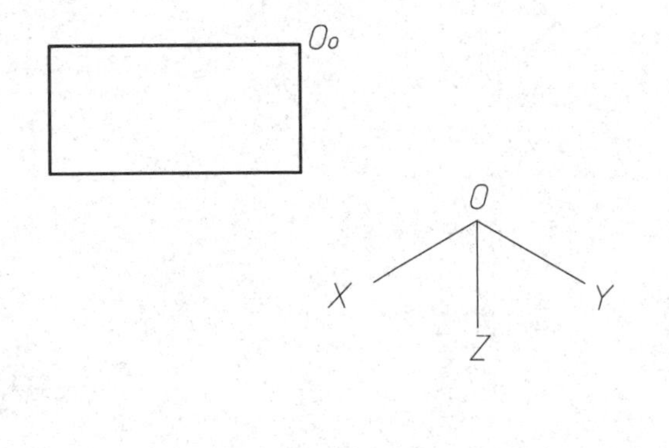

(3)

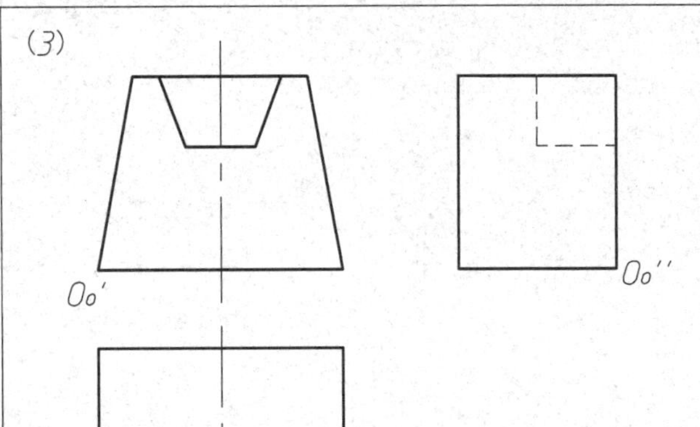

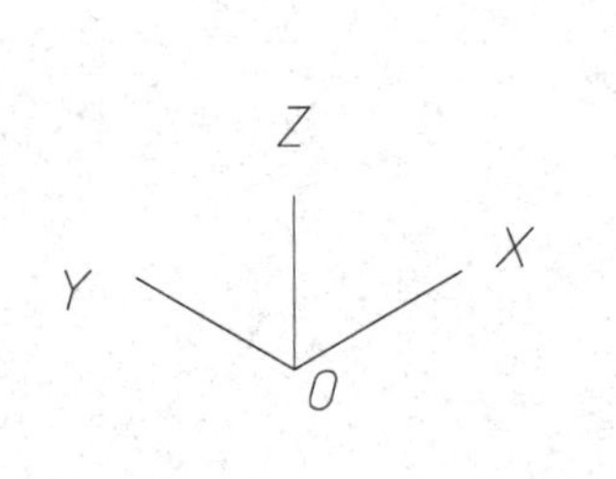

(5)

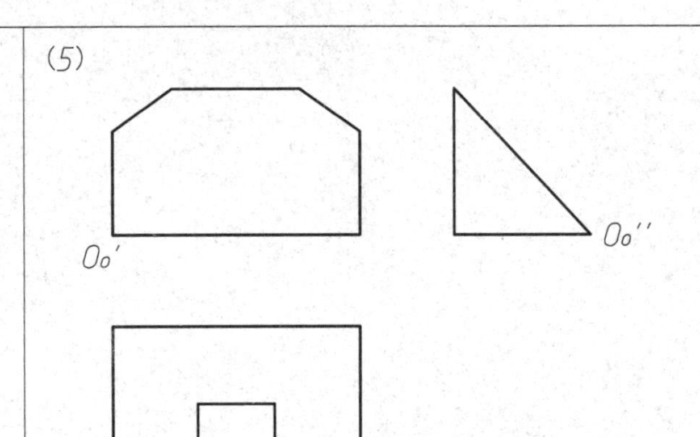

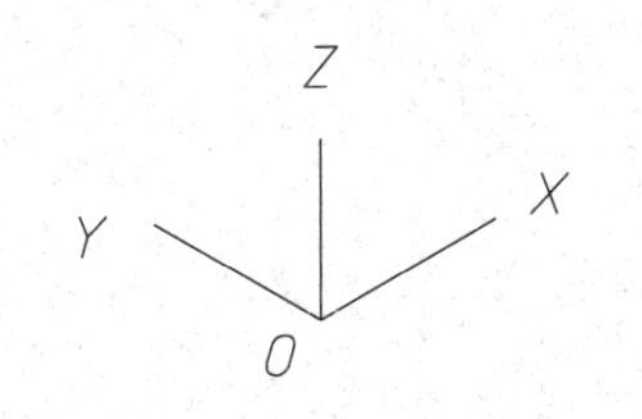

2. 由视图画正等轴测图。

(1)

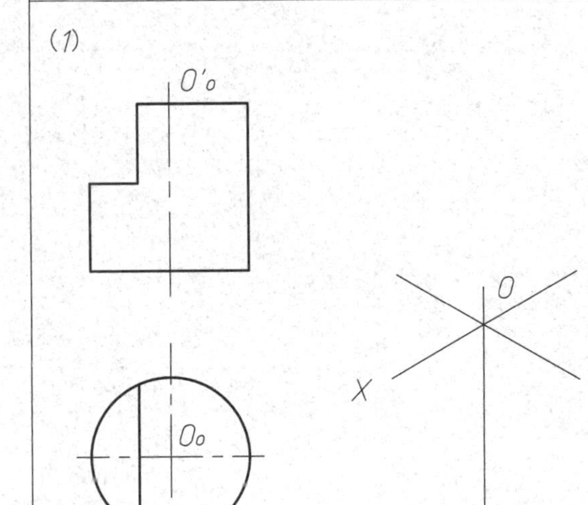

(2)

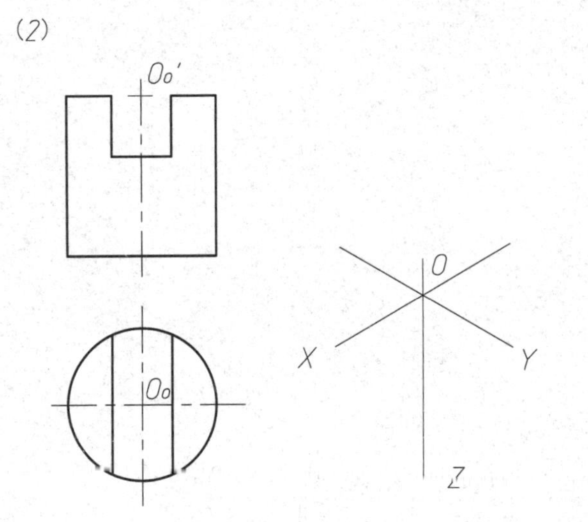

(3)

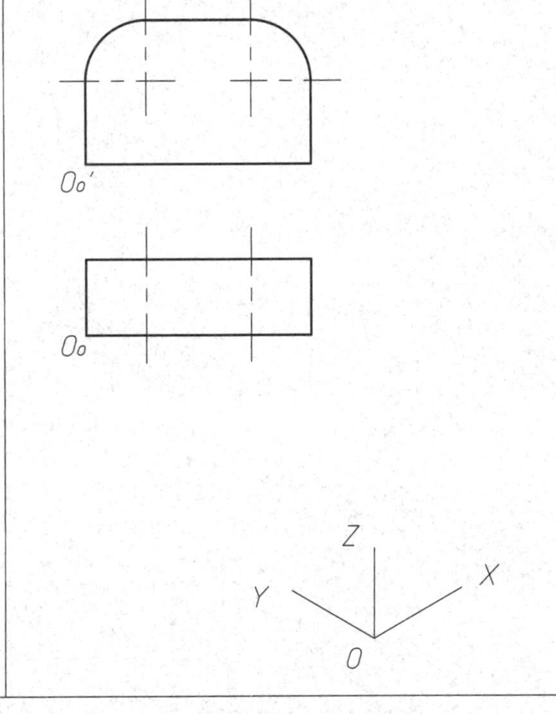

(4)

班级________ 学号________ 姓名________

4-6 轴测图（二）

3. 根据下列视图绘出组合体的等轴测图（右侧等轴测坐标纸每格间距为2mm，从三视图中量取尺寸，按 1:1 比例绘制在坐标格中）。

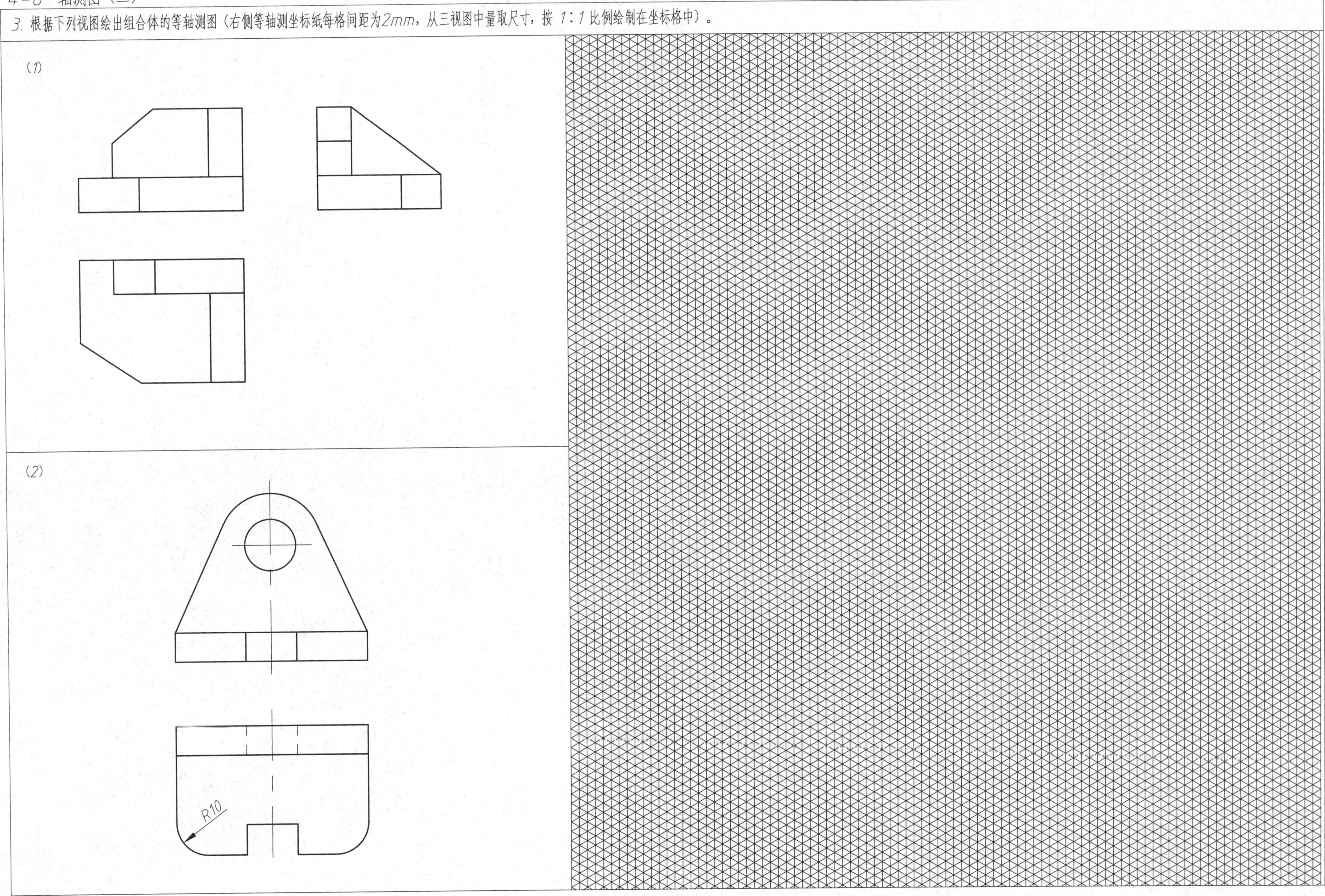

班级＿＿＿＿＿＿ 学号＿＿＿＿＿＿ 姓名＿＿＿＿＿＿

4-7 组合体综合练习

根据立体图或模型在A3图纸上用合适的比例画出组合体的三视图，并标注尺寸。

组合体制图作业说明

1. 目的、内容与要求

（1）目的、内容：进一步理解与巩固“物”与“图”之间的对应关系，运用形体分析法，根据立体图（或模型）绘制组合体的三视图，并标注尺寸。本作业的模型或立体图由教师提供，也可以从本页的5个分题中选用1或2个分题（图中的孔、槽都是通孔、通槽）。

（2）要求：完整地表达组合体的内外形状。标注尺寸要完整、清晰，并符合国家标准。

2. 图名、图幅、比例

（1）图名：组合体表达。

（2）图幅：A3图纸。

（3）比例：1∶1或1∶2。

3. 绘图步骤与注意事项

（1）对所绘组合体进行形体分析，选择主视图，按立体图所注尺寸（或模型实际大小）布置3个视图的位置（注意视图之间预留标注尺寸的位置），画出各视图的对称中心线，轴线和底面（顶面）位置线。

（2）逐步画出组合体各部分的三视图（注意表面相切或相贯时的画法）。

（3）标注尺寸时应注意不要照搬立体图上标注的尺寸，应重新考虑视图上尺寸的配置。以尺寸完整、注法符合标准、配置适当为原则。

（4）完成底稿，经仔细校核后用铅笔加深。

（5）填写标题栏。

1.

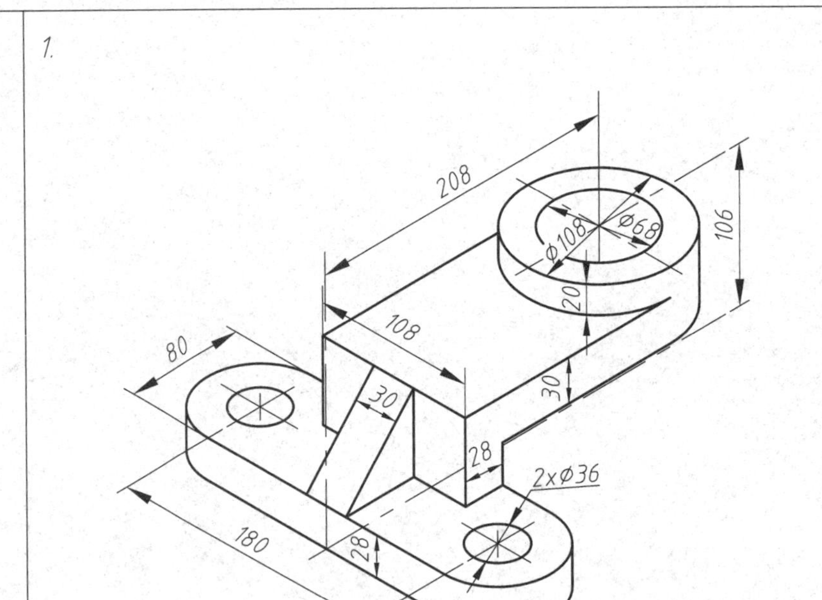

2.

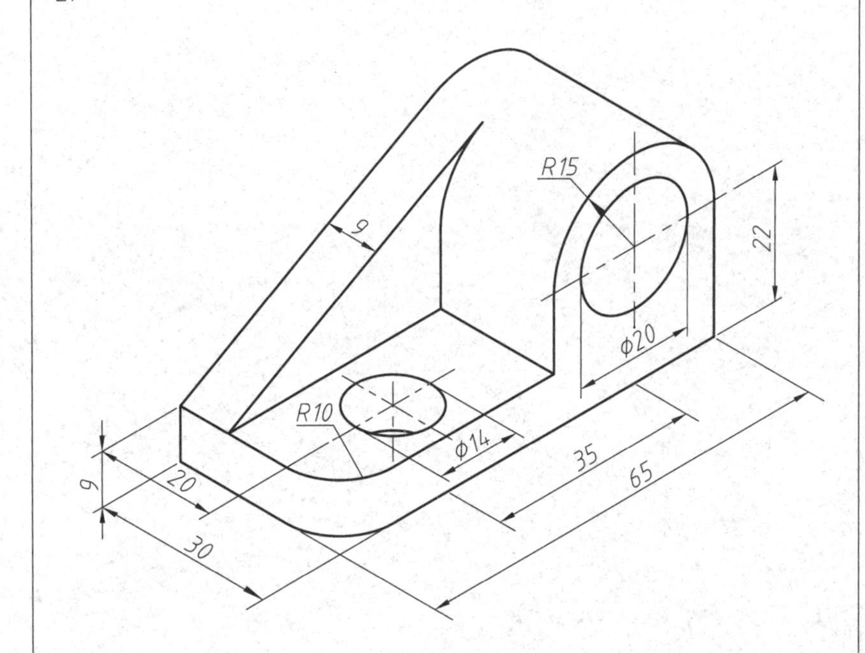

3.

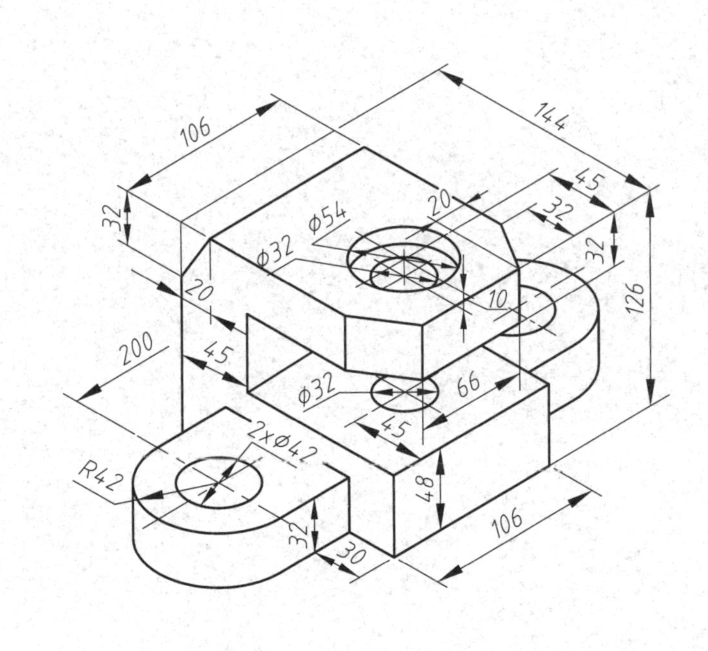

4.

5.

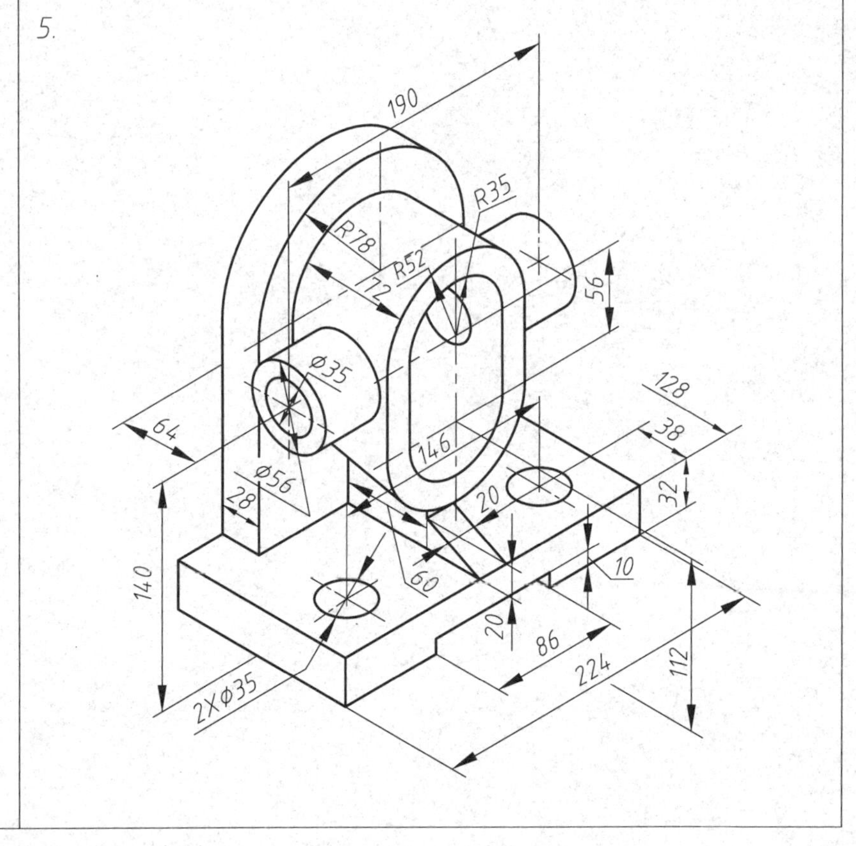

5-1 视图（一）

1. 已知物体的主、俯视图，画出其左、右、仰、后视图，按基本位置配置。

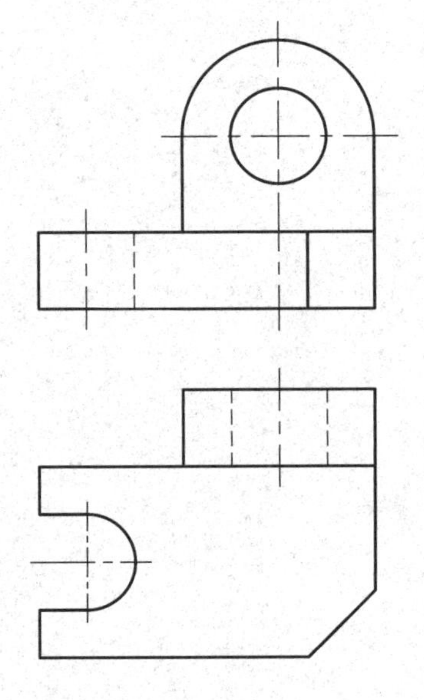

2. 根据物体的轴测图，画出其A向斜视图和B向局部视图，并画出A向旋转视图。

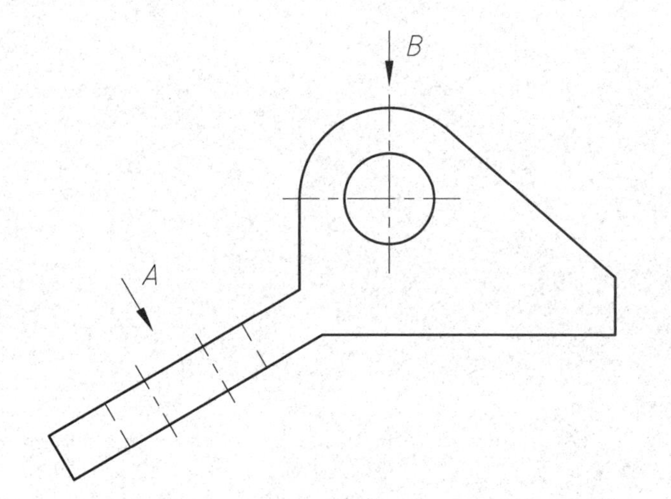

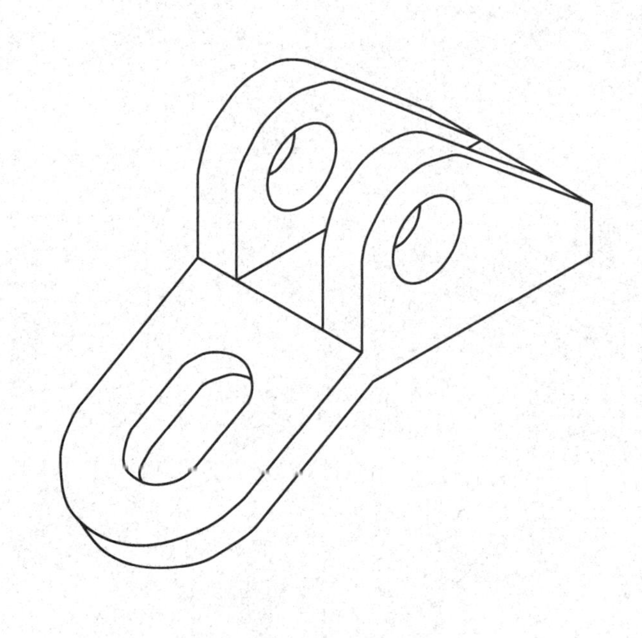

3. 将俯视图重新绘制成局部视图，并补画A向斜视图。

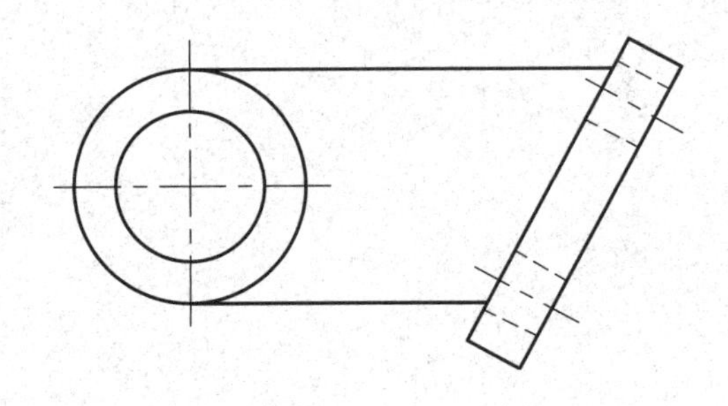

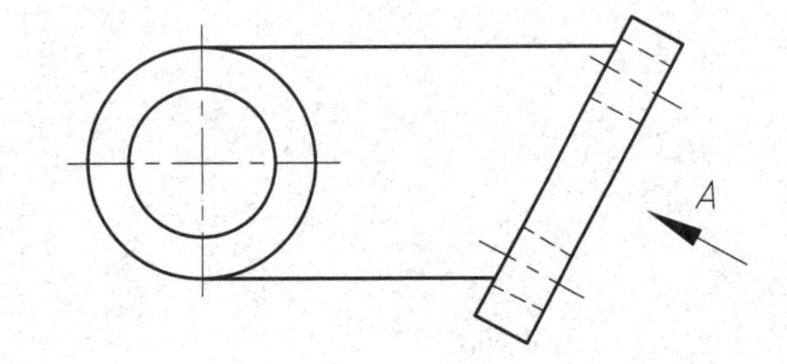

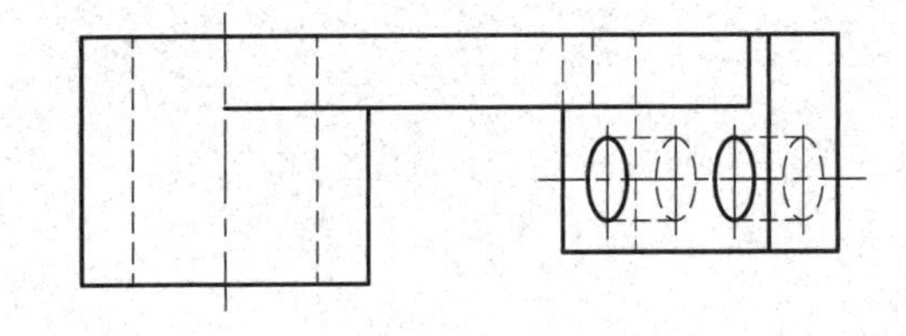

班级________ 学号________ 姓名________

5-1 视图(二)

4. 读懂两视图，绘出A向视图并标注。

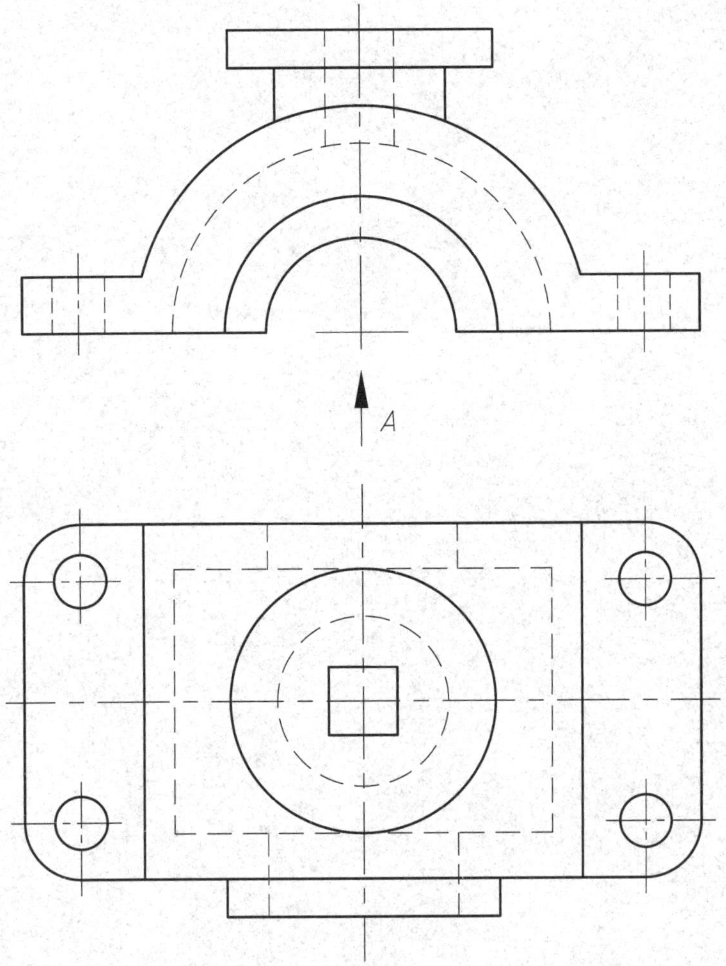

A

5. 将左面两视图所示物体，用斜视图和局部视图等重新表达，画在右面指定位置处。

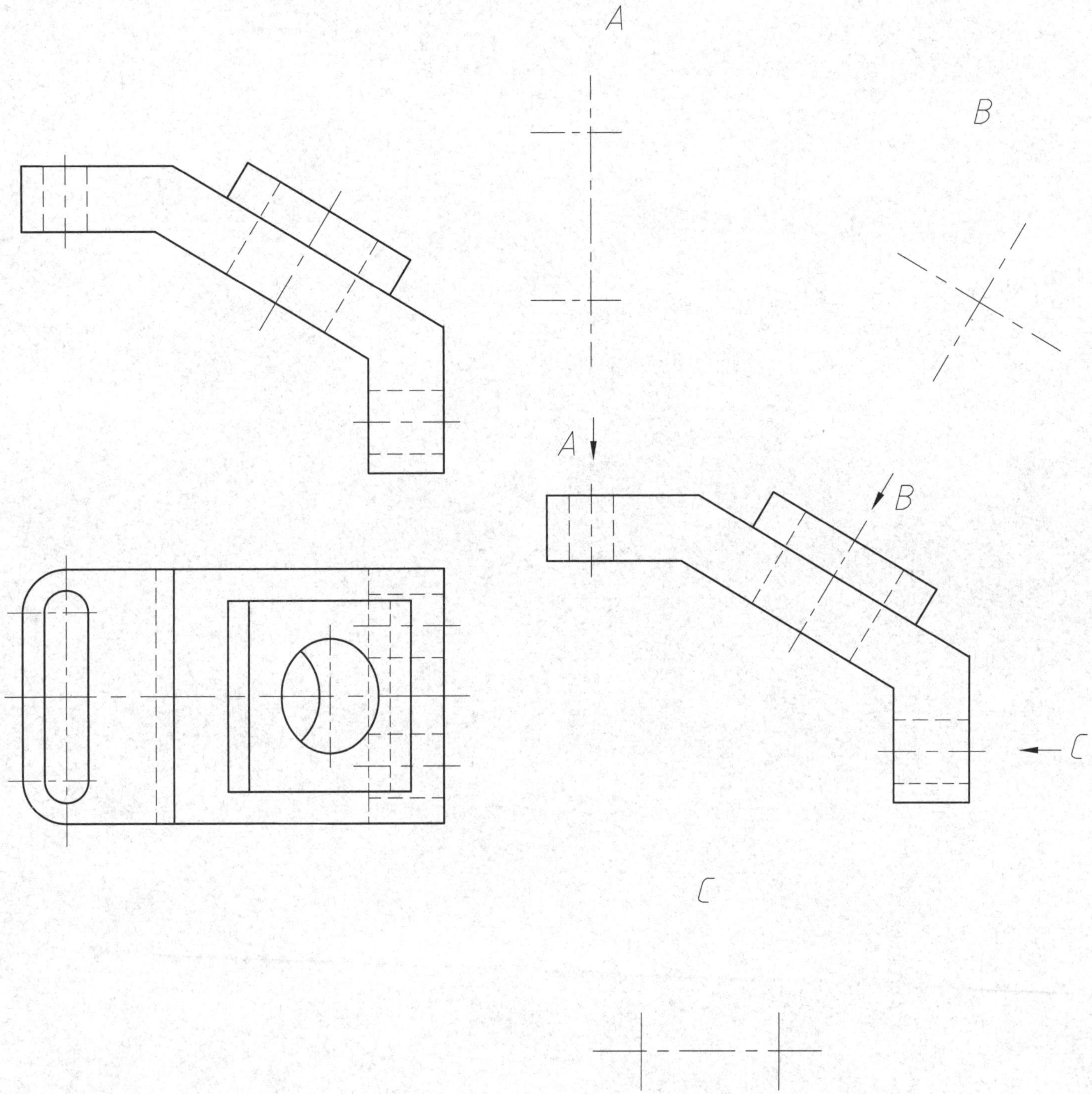

A

B

A

B

C

C

班级________ 学号________ 姓名________

5-2 剖视图（一）

1. 补画剖视图中所缺图线。

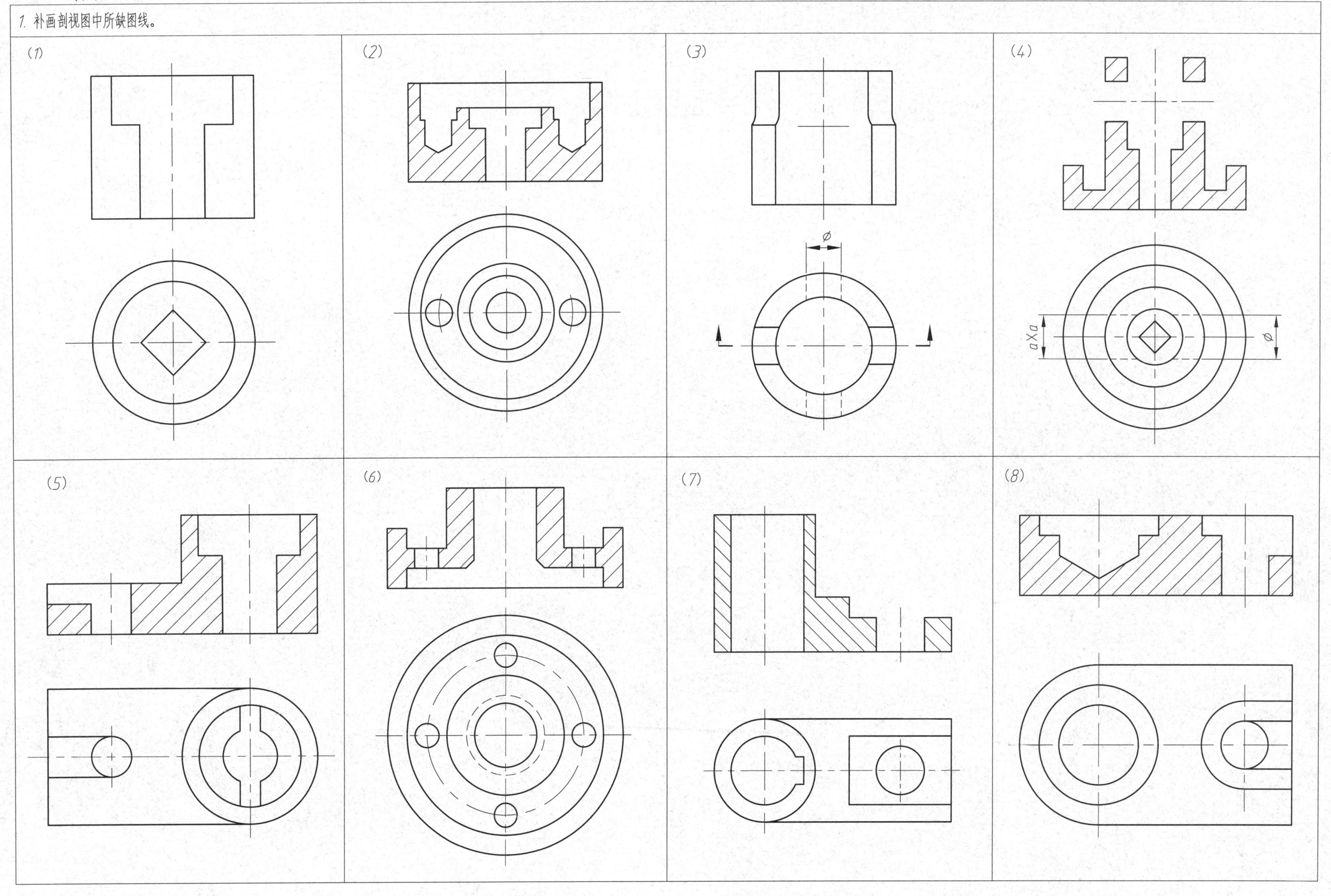

班级＿＿＿＿＿＿ 学号＿＿＿＿＿＿ 姓名＿＿＿＿＿＿

5-2 剖视图（二）

2. 将下列视图中的主视图改画成全剖视图，并标注剖切位置。

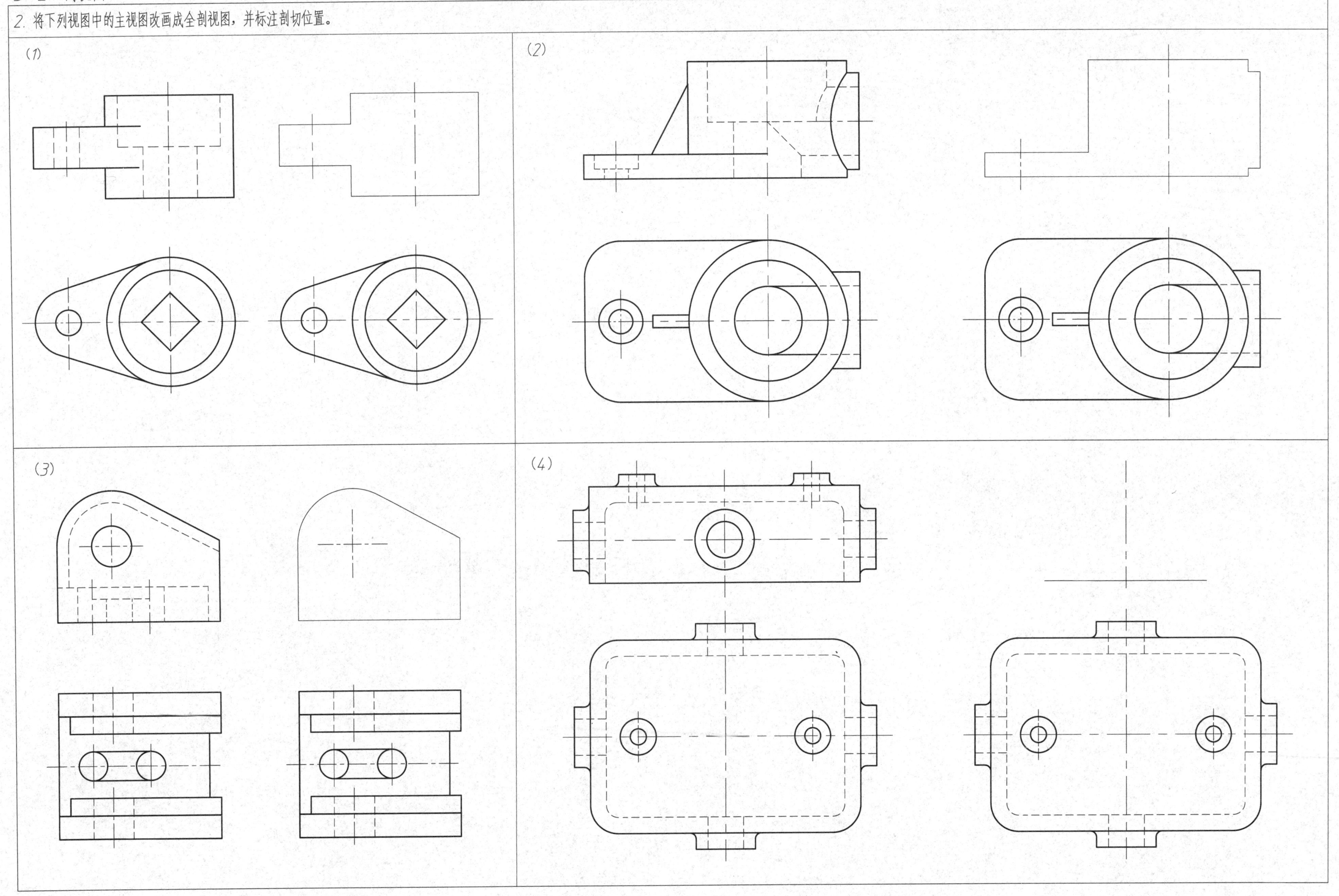

班级＿＿＿＿＿ 学号＿＿＿＿＿ 姓名＿＿＿＿＿

5-2 剖视图（三）

3. 按指定剖切位置将视图画成全剖视图，并标注。

(1)

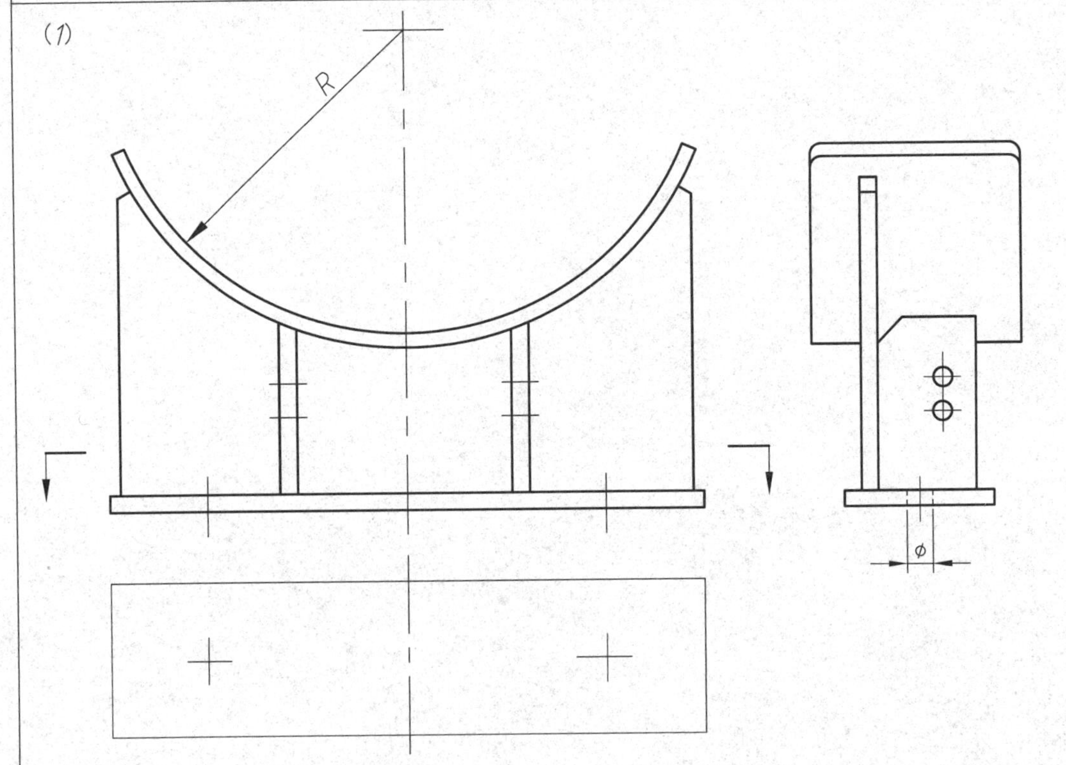

(2)

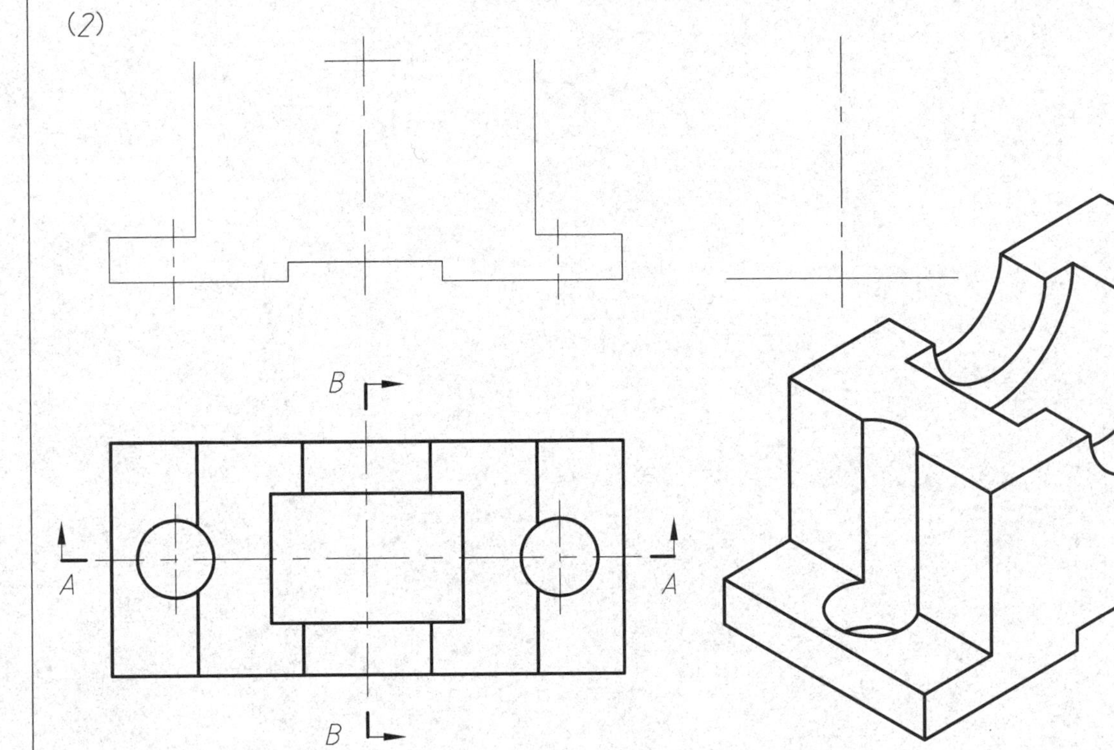

4. 在指定位置将主视图画成半剖视图，左视图画成全剖视图。

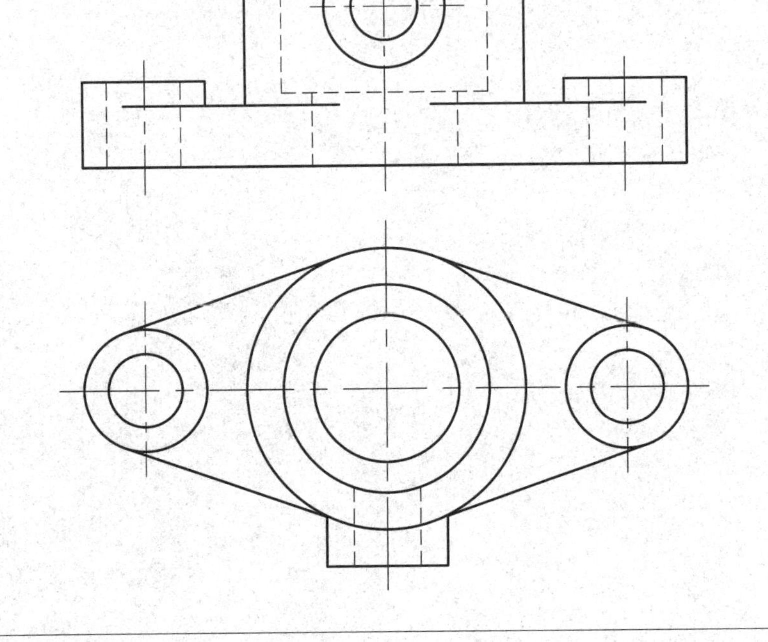

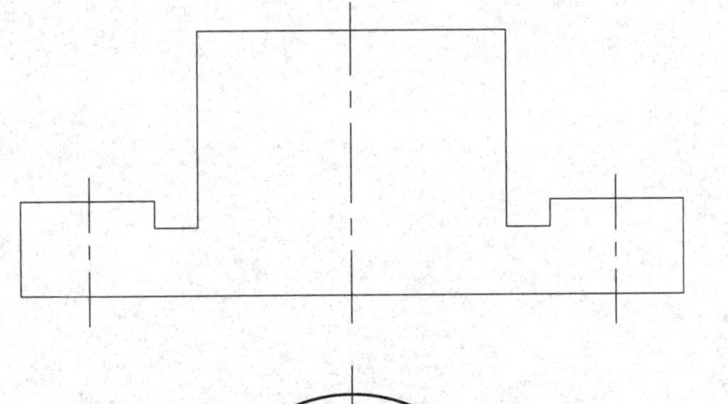

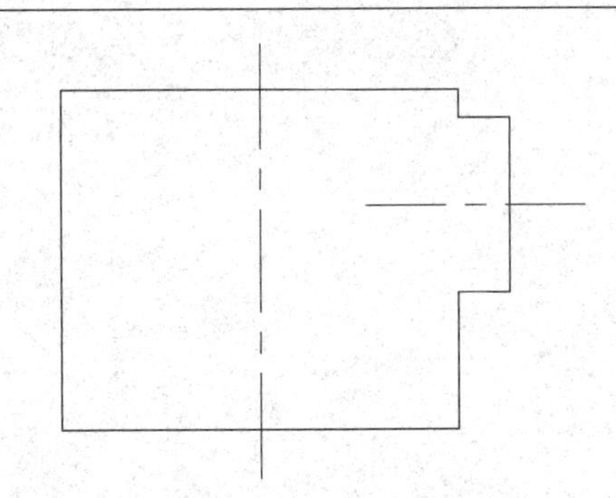

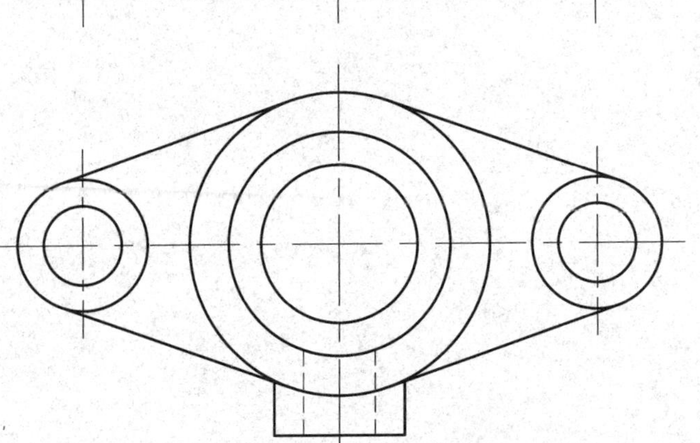

班级______ 学号______ 姓名______

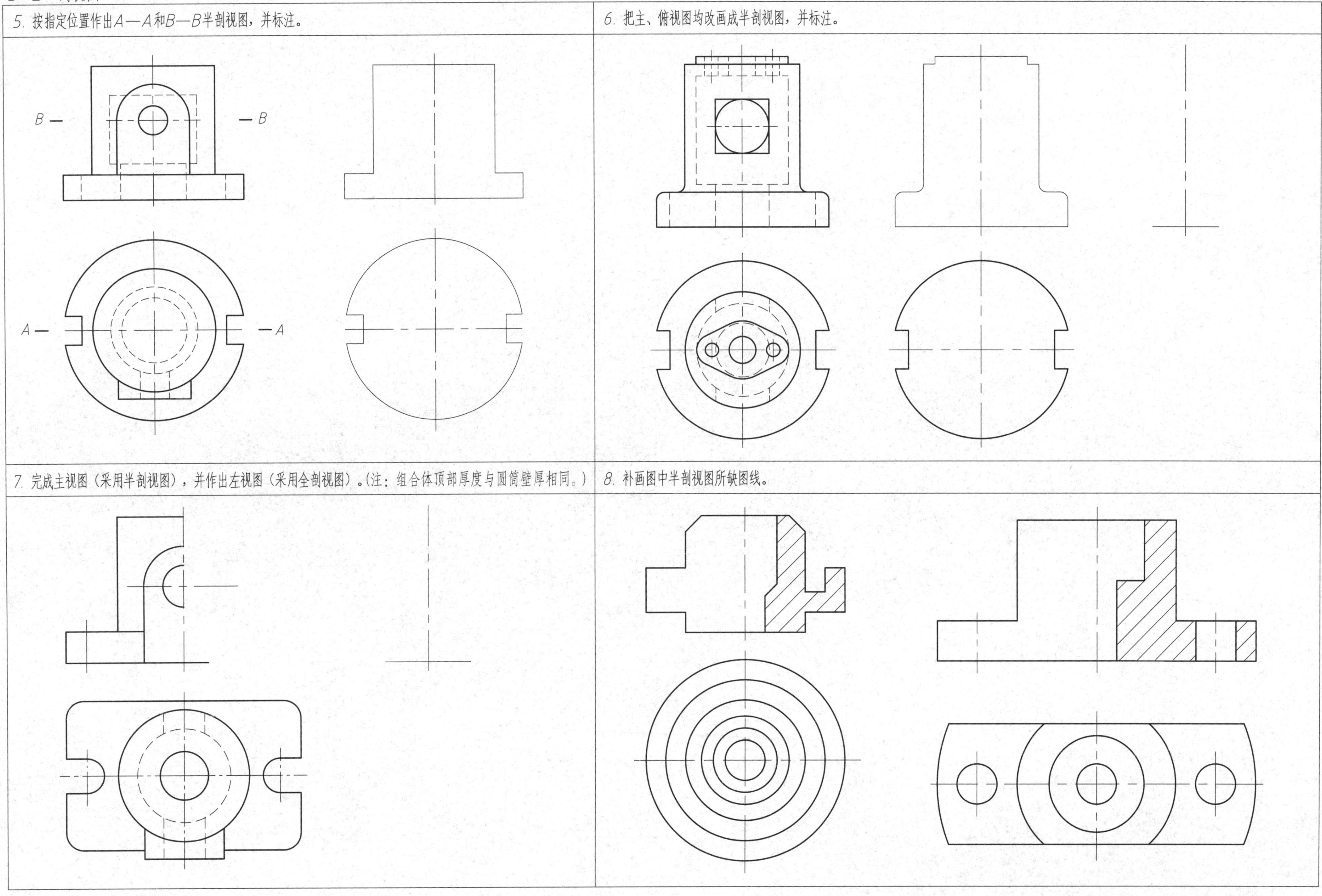
5-2 剖视图（四）
5. 按指定位置作出A—A和B—B半剖视图，并标注。
B
B
A
A
6. 把主、俯视图均改画成半剖视图，并标注。
7. 完成主视图（采用半剖视图），并作出左视图（采用全剖视图）。(注：组合体顶部厚度与圆筒壁厚相同。)
8. 补画图中半剖视图所缺图线。

5-3 局部剖视图

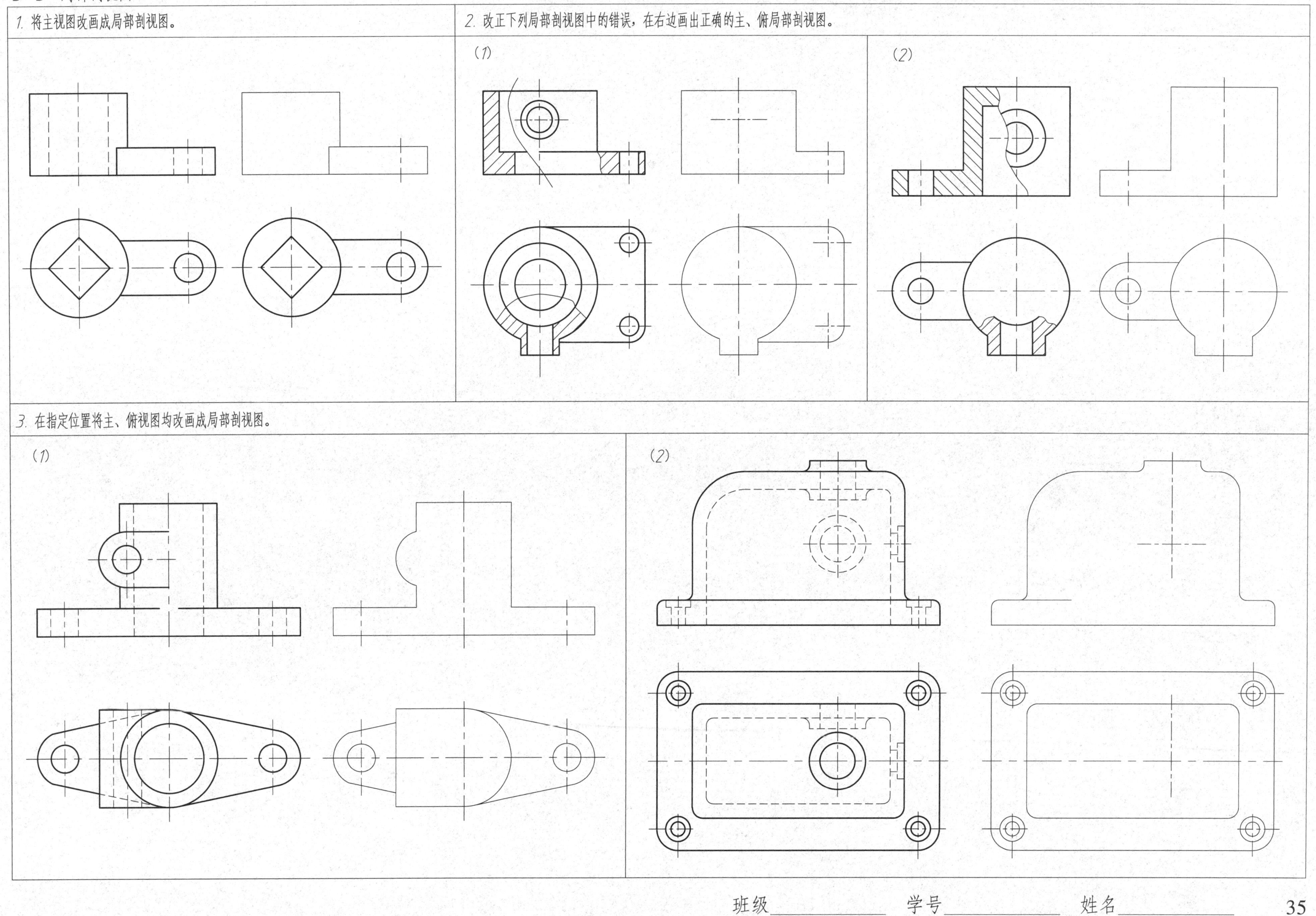

班级＿＿＿＿＿ 学号＿＿＿＿＿ 姓名＿＿＿＿＿

将(1)所示的视图表达方案改画成(2)方案，主视图采用全剖视图，其他视图的表达方法自定。

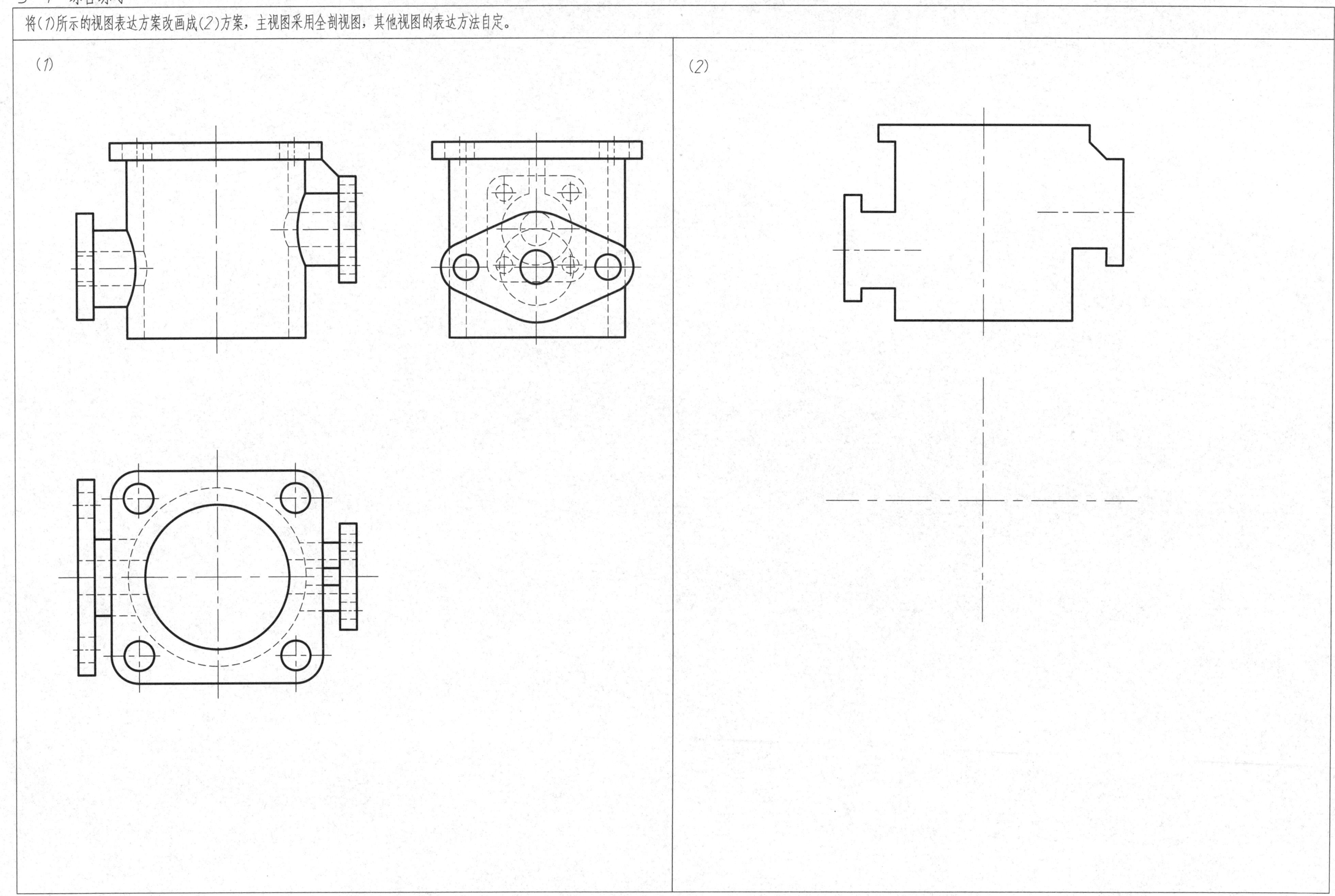

班级＿＿＿＿＿＿ 学号＿＿＿＿＿＿ 姓名＿＿＿＿＿＿

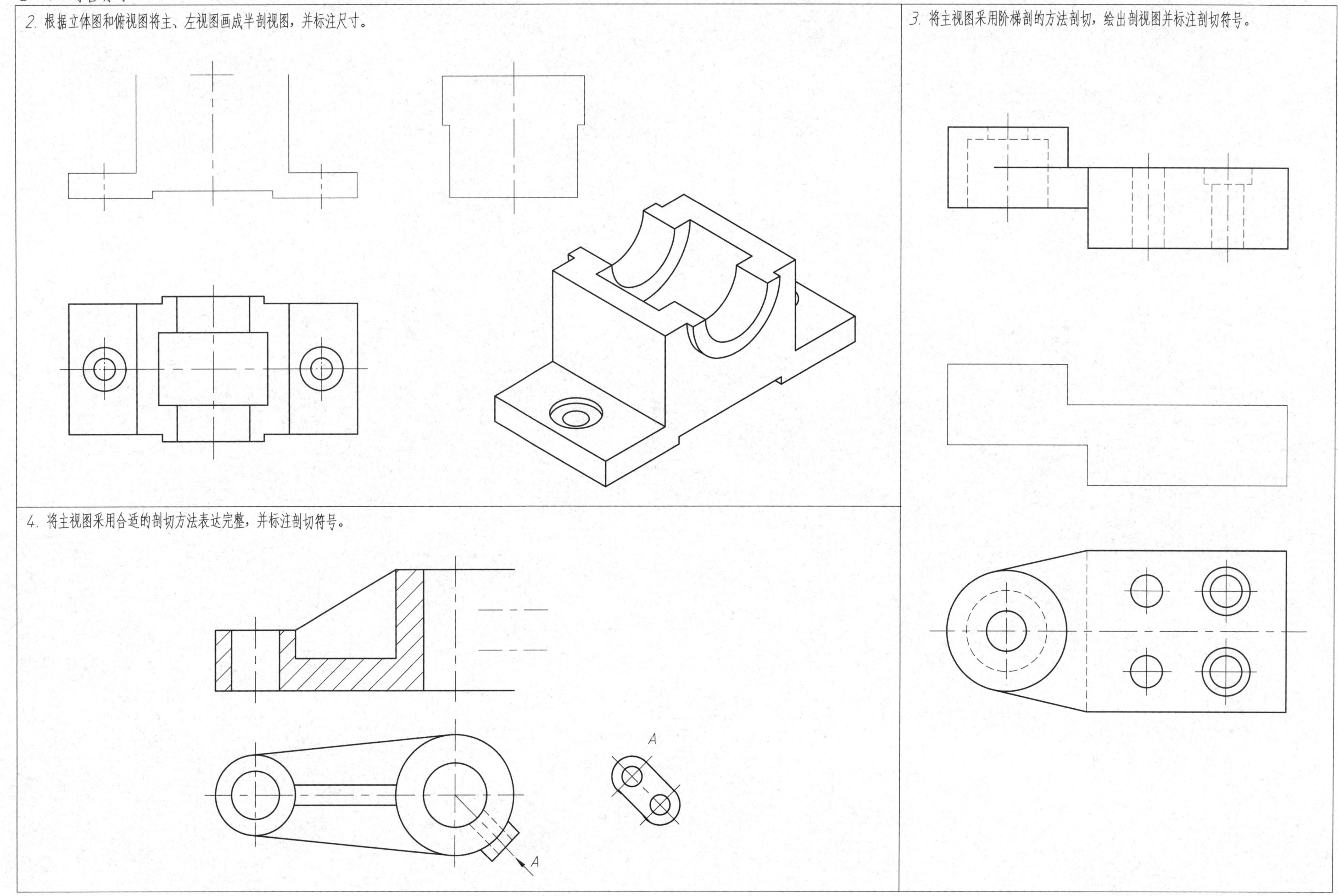
2. 根据立体图和俯视图将主、左视图画成半剖视图，并标注尺寸。
3. 将主视图采用阶梯剖的方法剖切，绘出剖视图并标注剖切符号。
4. 将主视图采用合适的剖切方法表达完整，并标注剖切符号。
A
A

班级＿＿＿＿＿＿　学号＿＿＿＿＿＿　姓名＿＿＿＿＿＿

5-4 综合练习(三)

5. 根据图中所注尺寸，采用合适的比例及表达方法绘出图示机件的三视图。

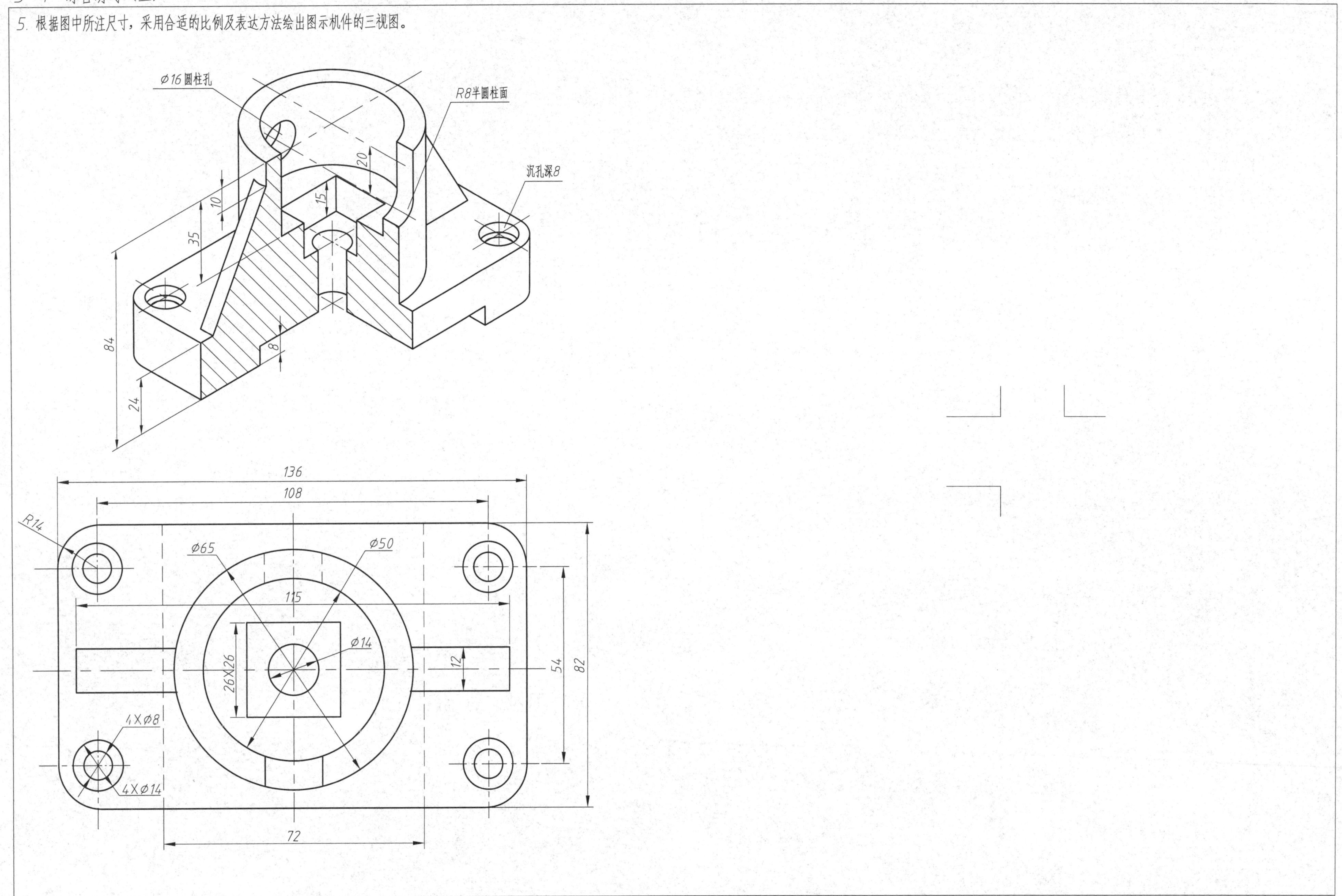

5-5 断面图

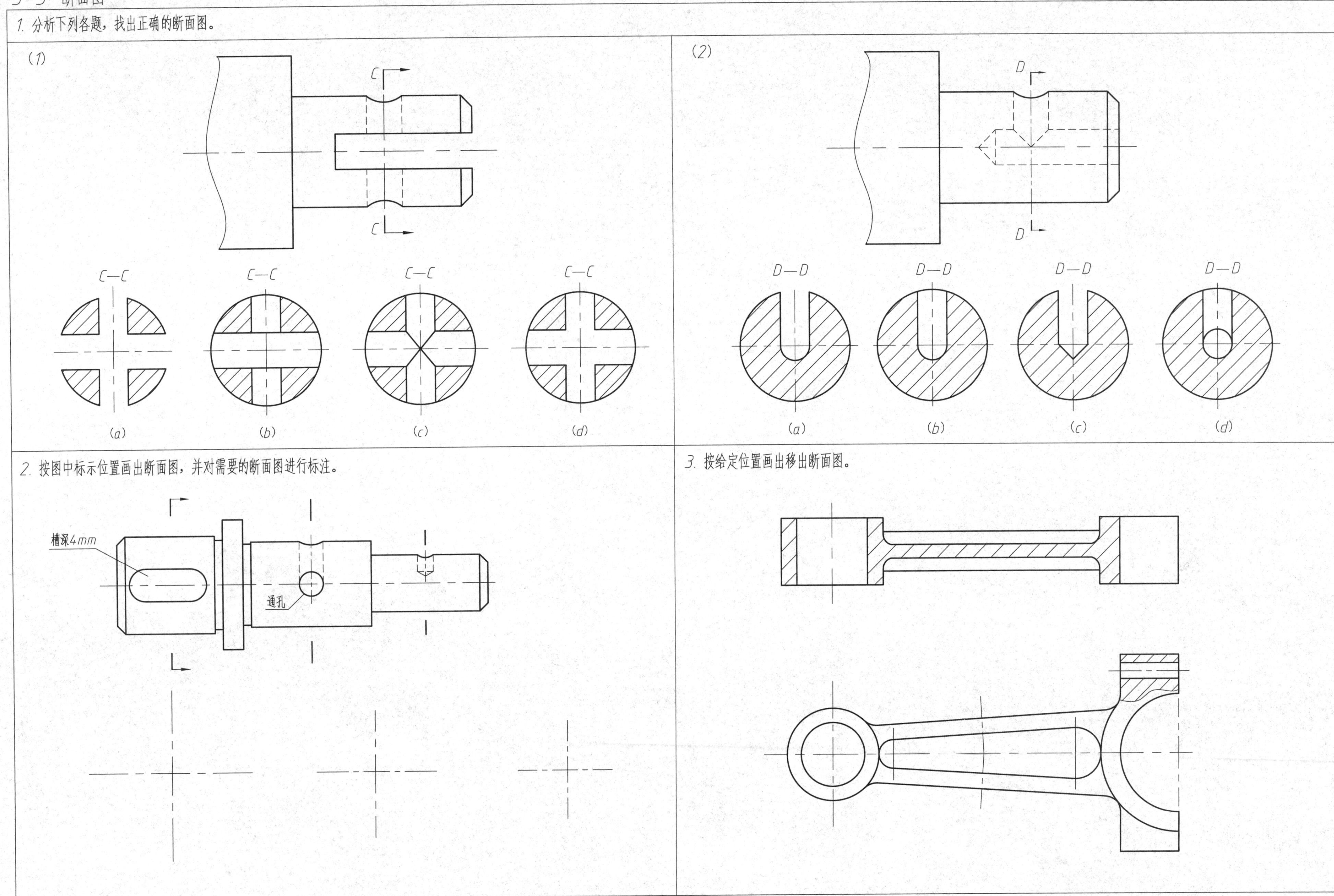
1. 分析下列各题，找出正确的断面图。
(1)
C
C
C—C
C—C
C—C
C—C
(a)
(b)
(c)
(d)
(2)
D
D
D—D
D—D
D—D
D—D
(a)
(b)
(c)
(d)
2. 按图中标示位置画出断面图，并对需要的断面图进行标注。
槽深4mm
通孔
3. 按给定位置画出移出断面图。

1. 完成下列各种螺纹的标注。

（1）粗牙普通螺纹，大径16mm，螺距2mm，右旋，中径和顶径公差带代号为6g、7g，中等旋合长度。

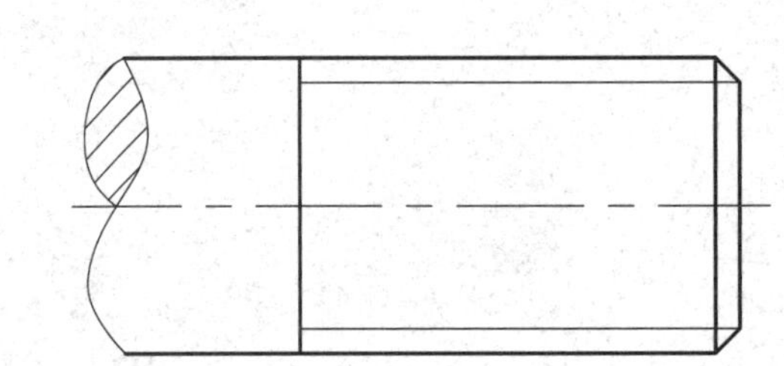

（2）细牙普通螺纹，大径12mm，螺距1mm，左旋，中径和顶径公差带代号均为6f。

（3）细牙普通螺纹，大径10mm，螺距1mm，左旋，中径和顶径公差带代号均为7H。

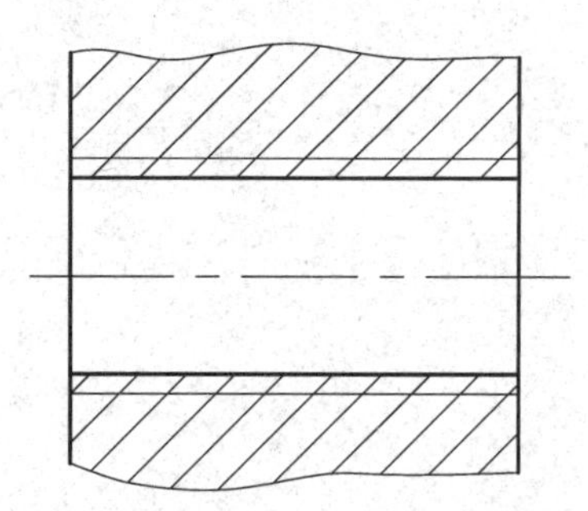

（4）梯形螺纹，大径16mm，螺距4mm，双线，左旋，中径公差带代号为7f，长旋合长度。

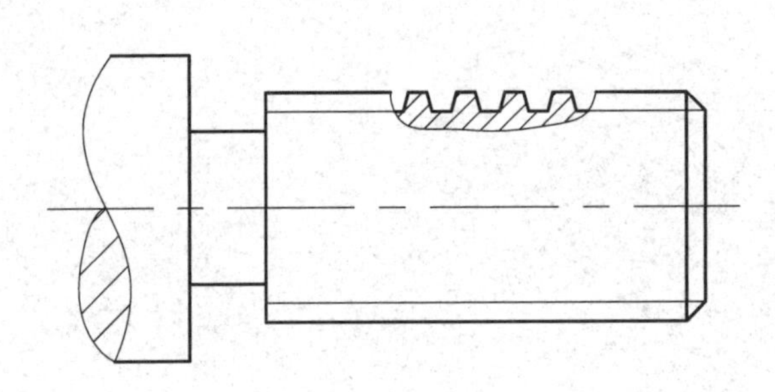

（5）非螺纹密封的管螺纹，尺寸代号为1/2，右旋，公差等级为A，查表写出它的大径、小径和螺距。

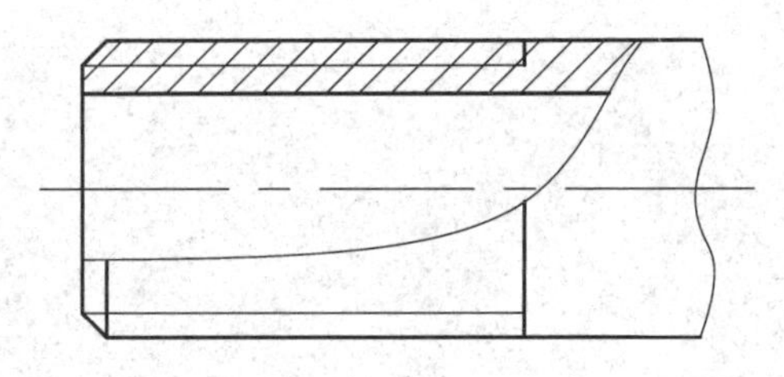

螺纹大径=＿＿＿＿；螺纹小径=＿＿＿＿；螺距=＿＿＿＿。

（6）非螺纹密封管螺纹，尺寸代号为1，左旋，查表写出其大径、小径和螺距。

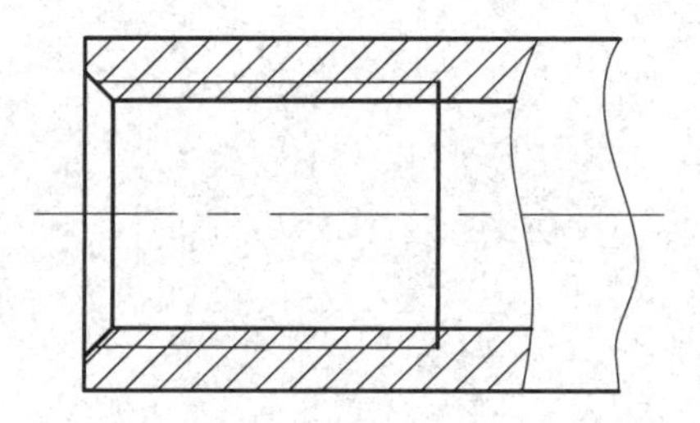

螺纹大径=＿＿＿＿；螺纹小径=＿＿＿＿；螺距=＿＿＿＿。

2. 查表注出下列标准件的尺寸数值，并写出规定标记。

（1）六角螺栓：直径$d=M12$，公称长度$L=50mm$。

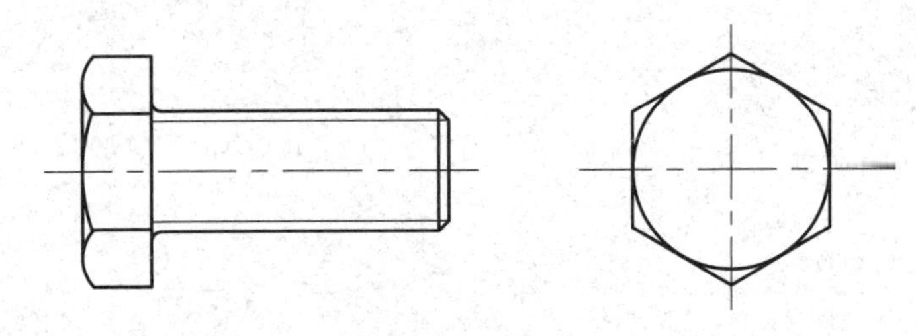

标记：＿＿＿＿＿＿＿＿

（2）六角螺母：螺纹规格$D=M12$。

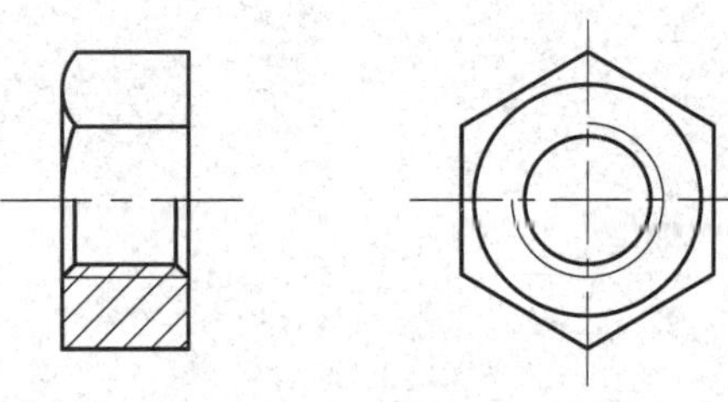

标记：＿＿＿＿＿＿＿＿

（3）平垫圈：公称尺寸$d=12mm$。

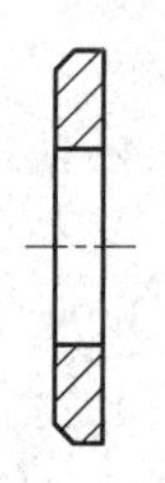

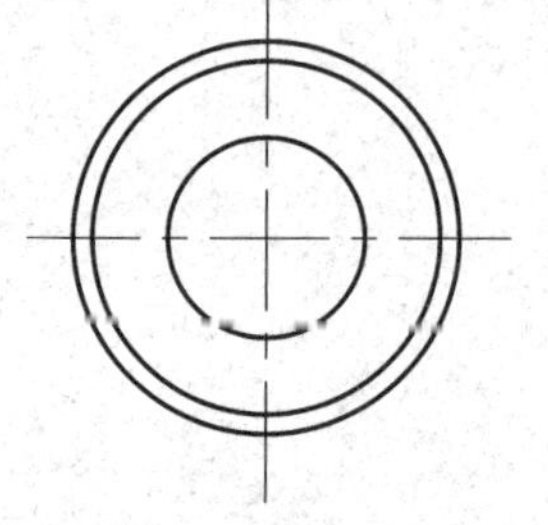

标记：＿＿＿＿＿＿＿＿

班级＿＿＿＿＿＿　学号＿＿＿＿＿＿　姓名＿＿＿＿＿＿

3. 内外螺纹及旋合画法。

（1）图示圆杆端部有长为25mm的普通粗牙螺纹，完成螺杆的主、左视图（螺纹小径按0.85d绘制）。

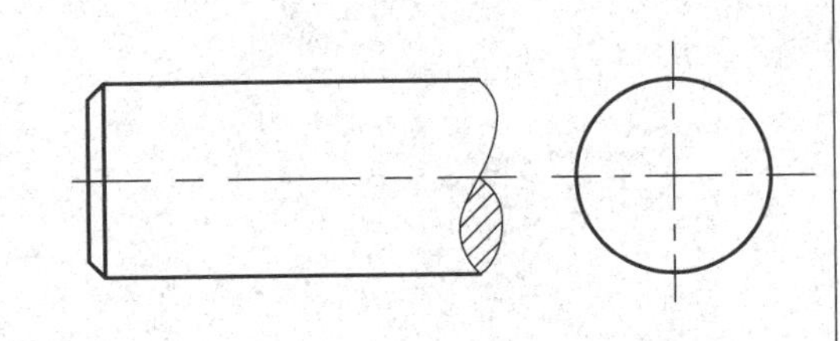

（2）零件图示位置有一普通粗牙螺纹的螺孔，直径同（1）示螺杆，端部倒角为C2，螺孔深度28mm，钻孔深度34mm。完成螺孔的视图。

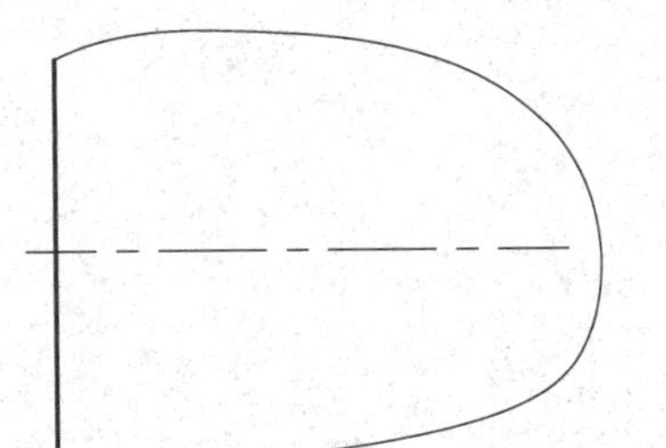

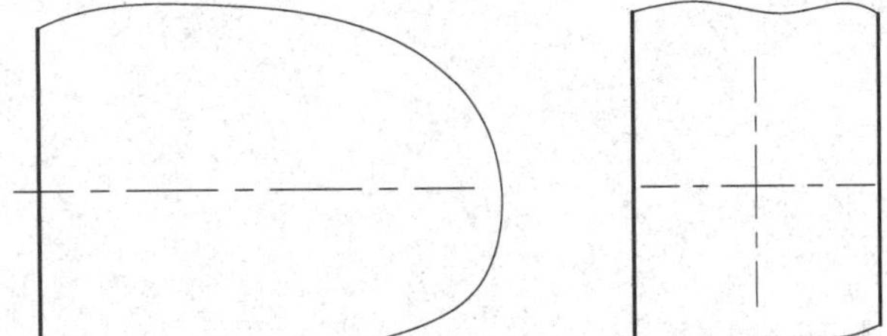

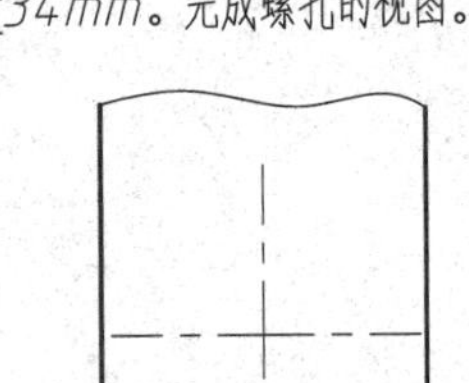

（3）将（1）所示螺杆旋入（2）所示螺孔中，旋合长度如下图所示，完成螺纹连接图。

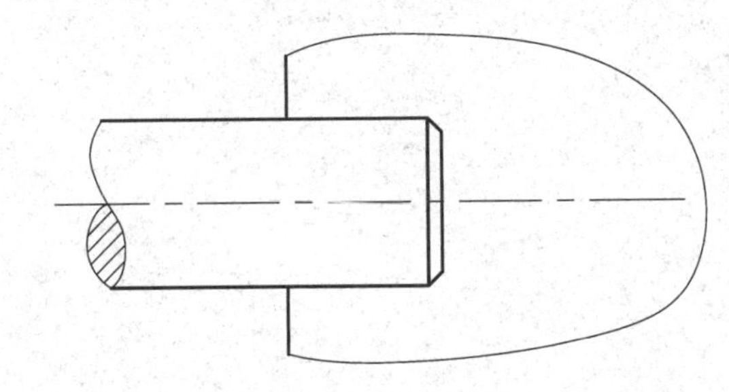

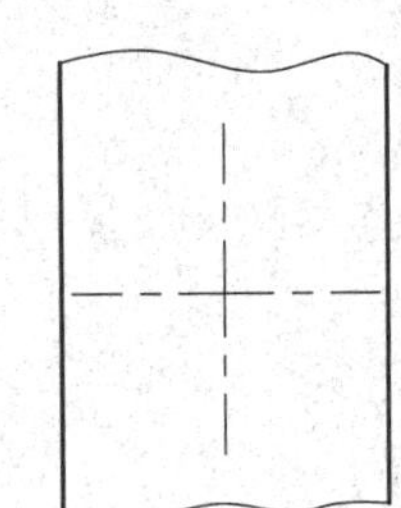

4. 圈出下列各图中螺纹画法及标注的错误，在右边空白处画出正确的图样，并标注螺纹代号。

（1）

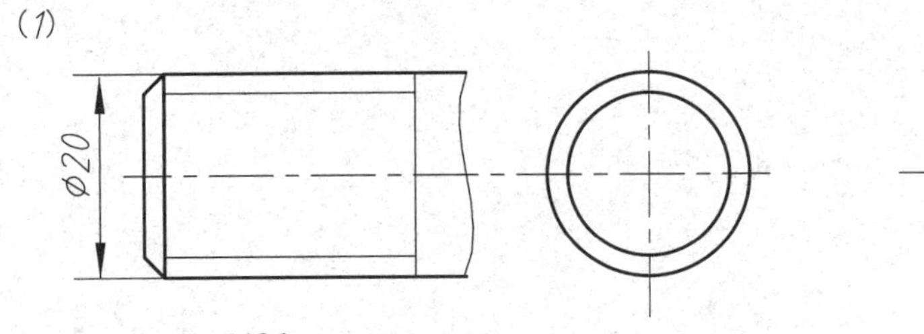

（2）

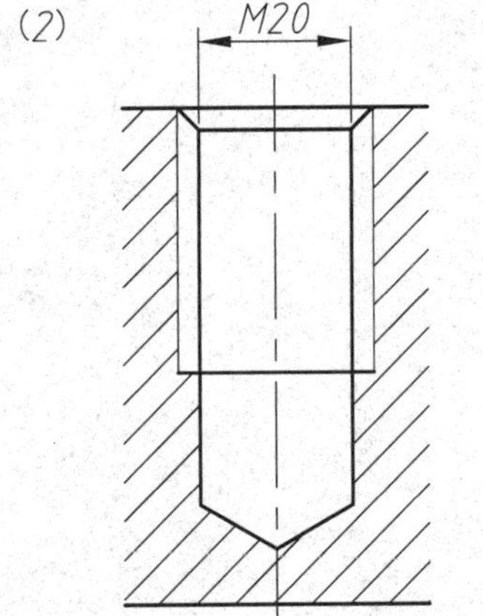

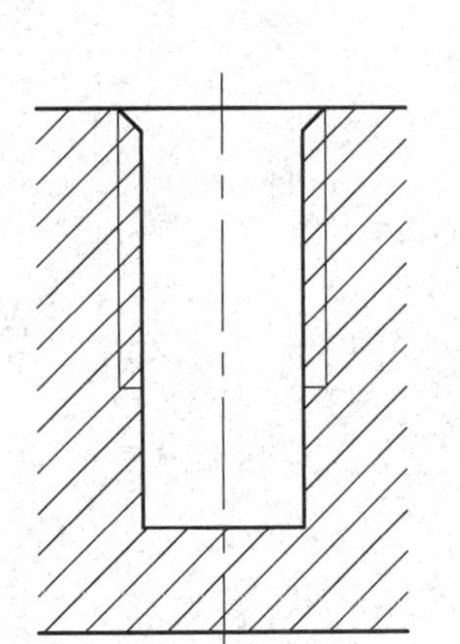

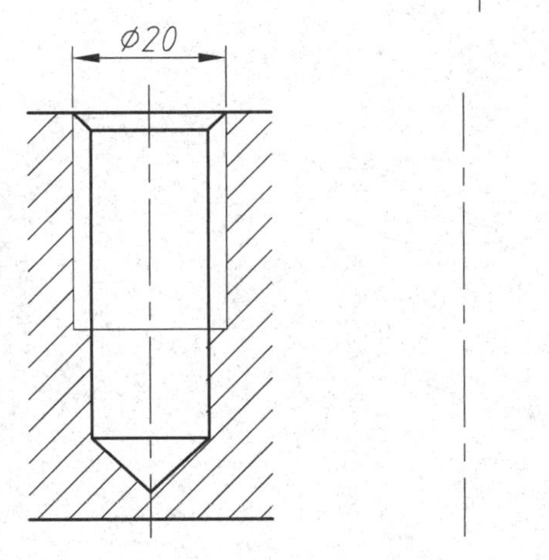

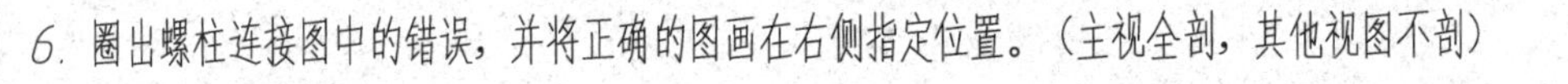

5. 根据螺栓连接件的标记查表画出螺栓连接的装配图。（按1∶1比例绘制）

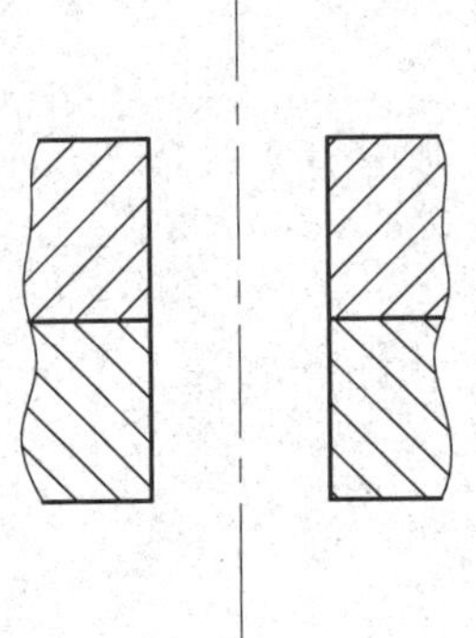

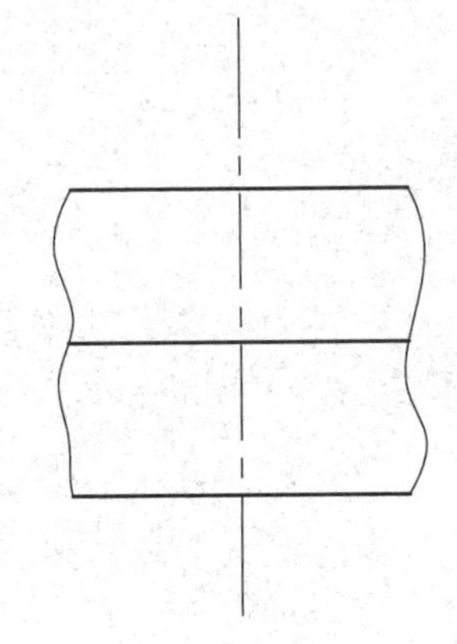

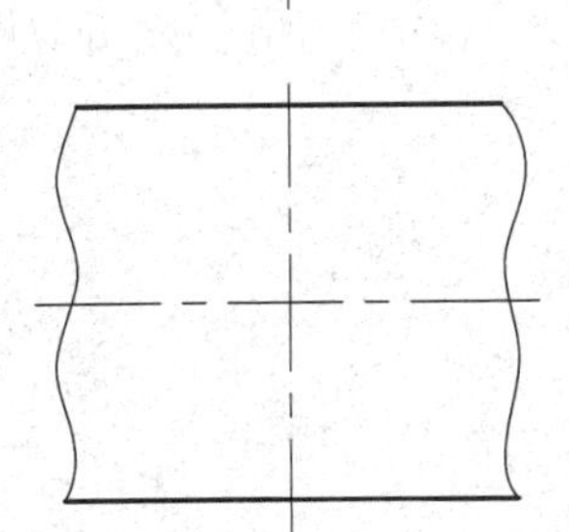

螺栓 GB 5782—2000-M10×50
螺母 GB 6170—2000-M10
垫圈 GB/T 97.1—2002 10

6. 圈出螺柱连接图中的错误，并将正确的图画在右侧指定位置。（主视全剖，其他视图不剖）

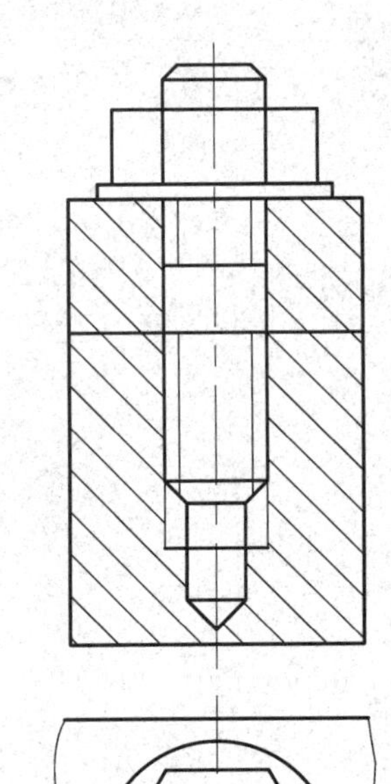

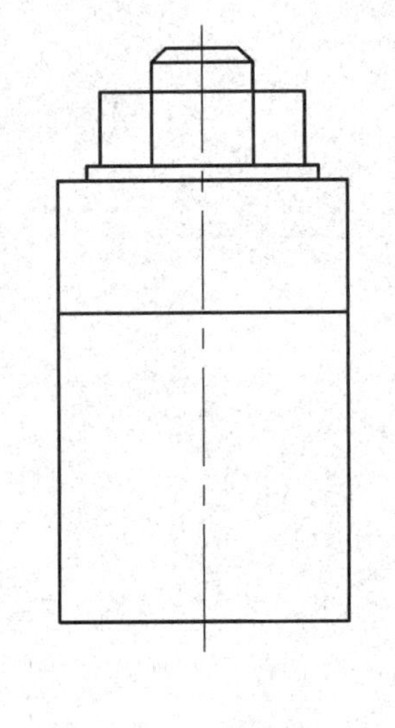

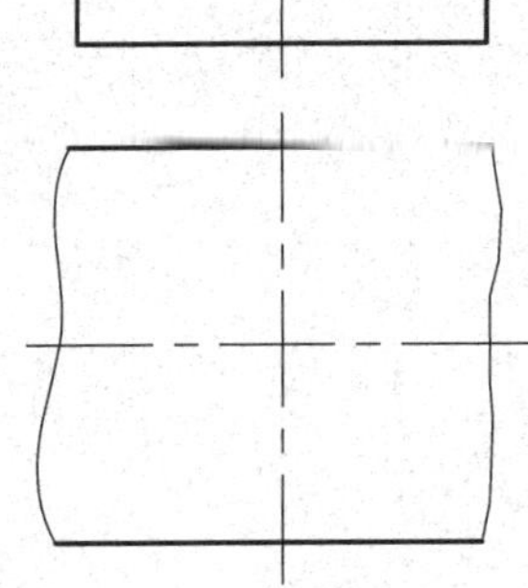

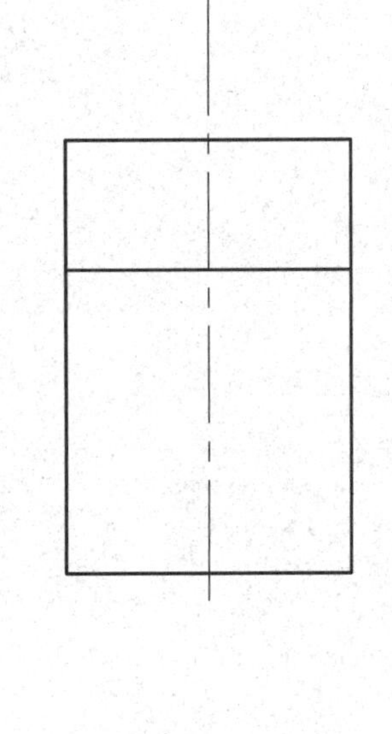

班级＿＿＿＿＿＿ 学号＿＿＿＿＿＿ 姓名＿＿＿＿＿＿

1. 采用两个视图表达标准椭圆形封头结构，其公称直径800mm，壁厚22mm，其他结构尺寸参照标准GB/T 25198—2010，比例自定，采用四心法绘制椭圆，并写出规定标记。

2. 根据人孔标记，参照标准HG/T 21515—2014《常压人孔》(见主教材附录)，注出其结构尺寸。

人孔 450 HG/T 21515

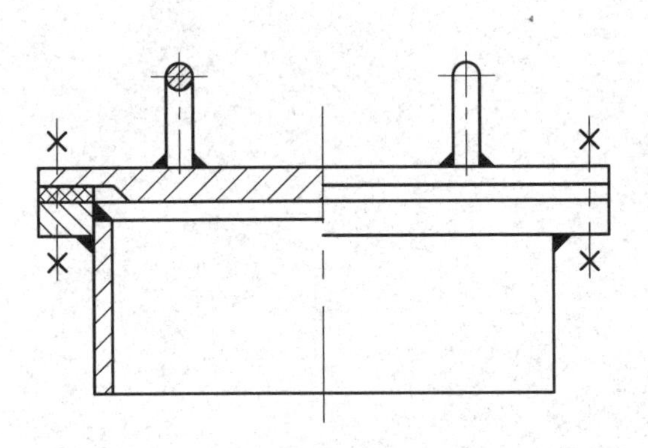

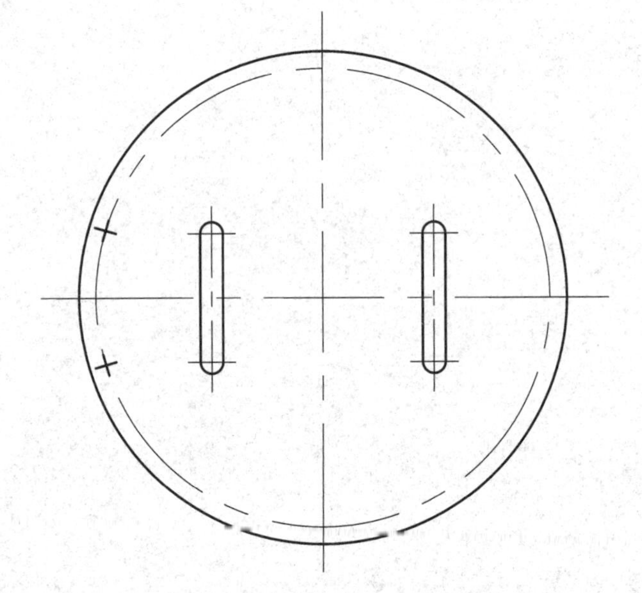

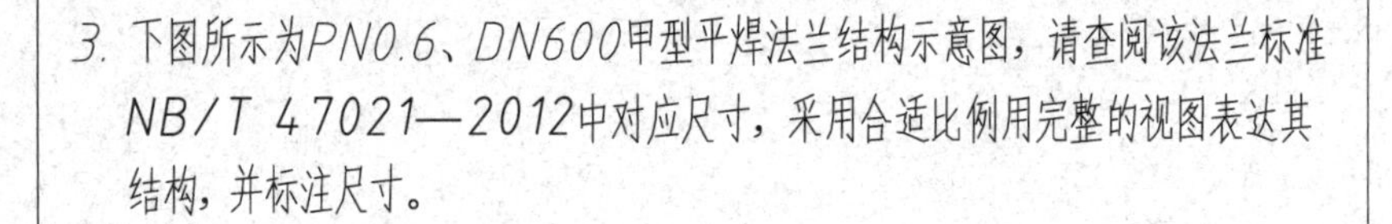

3. 下图所示为PN0.6、DN600甲型平焊法兰结构示意图，请查阅该法兰标准NB/T 47021—2012中对应尺寸，采用合适比例用完整的视图表达其结构，并标注尺寸。

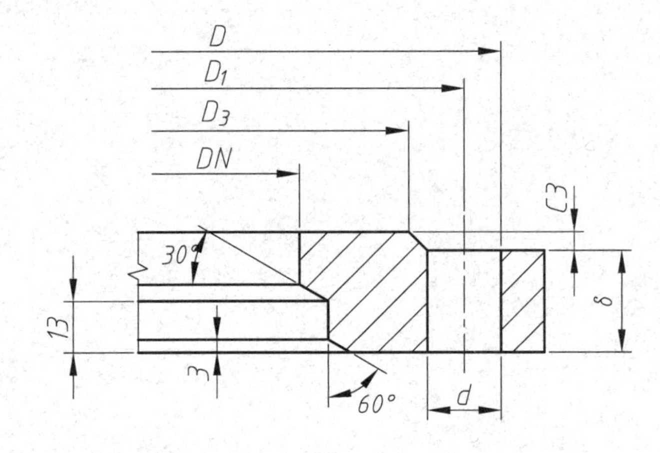

7-1 储罐设备的表达

1. 根据下图中储罐的结构图及零部件间的定位尺寸，查阅相关标准确定零部件的尺寸，以合适的比例在A2图纸上绘制出储罐的装配图。
2. 视图采用图示表达方法，并绘出主要焊缝接头的局部放大图，标注必要的尺寸，填写明细栏、管口表、技术特性表及技术要求。
3. 该设备的主要零部件规格：
   (1) 封头采用标准椭圆形封头，查阅标准确定其尺寸；
   (2) 人孔采用PN1.6、DN450的带颈平焊法兰凹凸面密封的人孔；
   (3) 支座采用DN1400的鞍式支座，S型和F型各一个；
   (4) 人孔处采用DN450、厚度为6mm的补强圈进行补强。
4. 该设备的主要技术特性数据：
   (1) 设计压力为1.5MPa，工作压力为1.3MPa；
   (2) 设计温度为50℃，工作温度为25~40℃；
   (3) 腐蚀裕度为1.5mm；
   (4) 焊缝系数为0.85。

接 管 表

符号	公称尺寸	连接尺寸标准	连接面形式	用途或名称
LG_{1-4}	25	PN1.6DN25 HG 20593—1997	凹面	液位计接口
M	450	PN1.6DN450HG 21517—2005	凹凸面	人孔
A	50	PN1.6DN50 HG 20595—1997	凹面	物料出口
B	80	PN1.6DN80 HG 20595—1997	凹面	物料进口
C	80	PN1.6DN80 HG 21517—2005	凹面	放空口
D	50	PN1.6DN50 HG 20595—1997	凸面	排放口

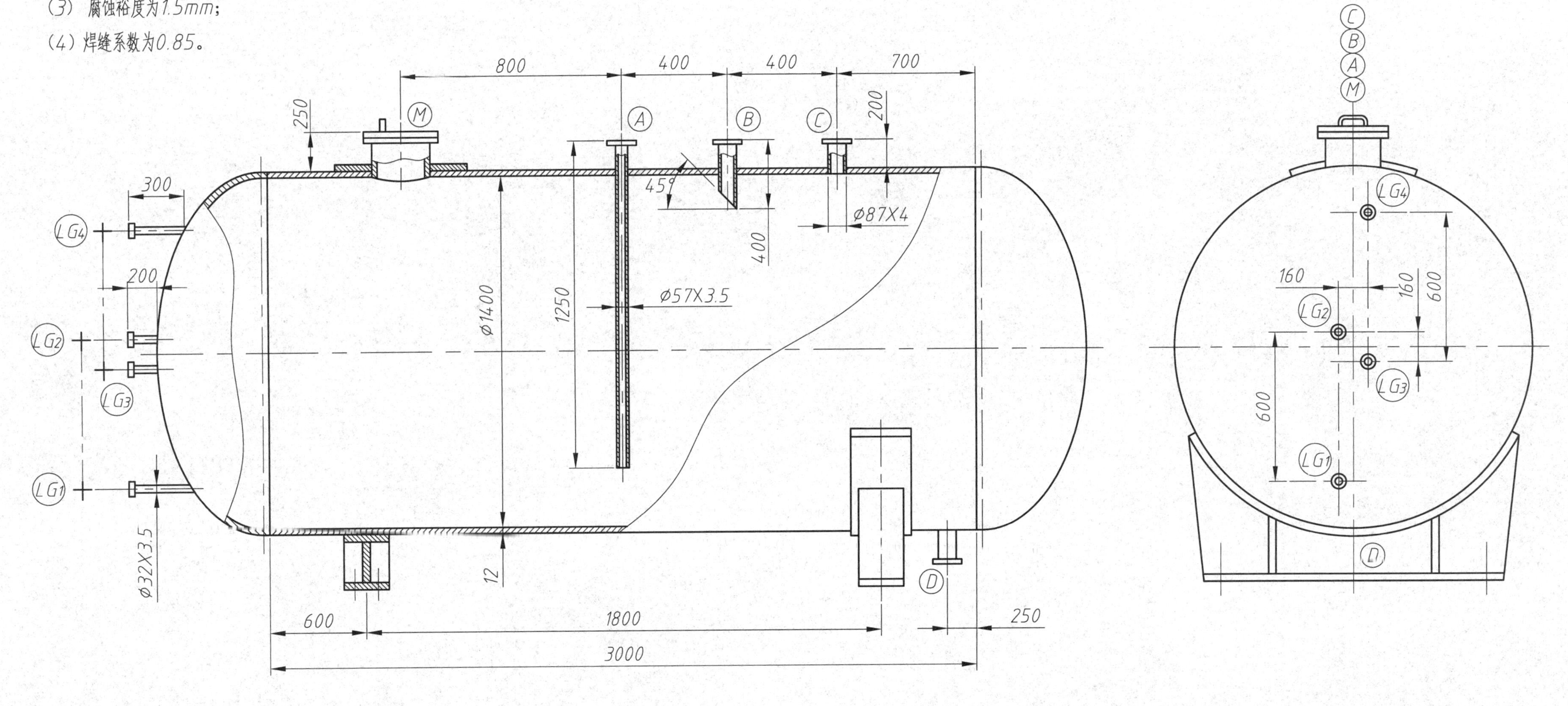

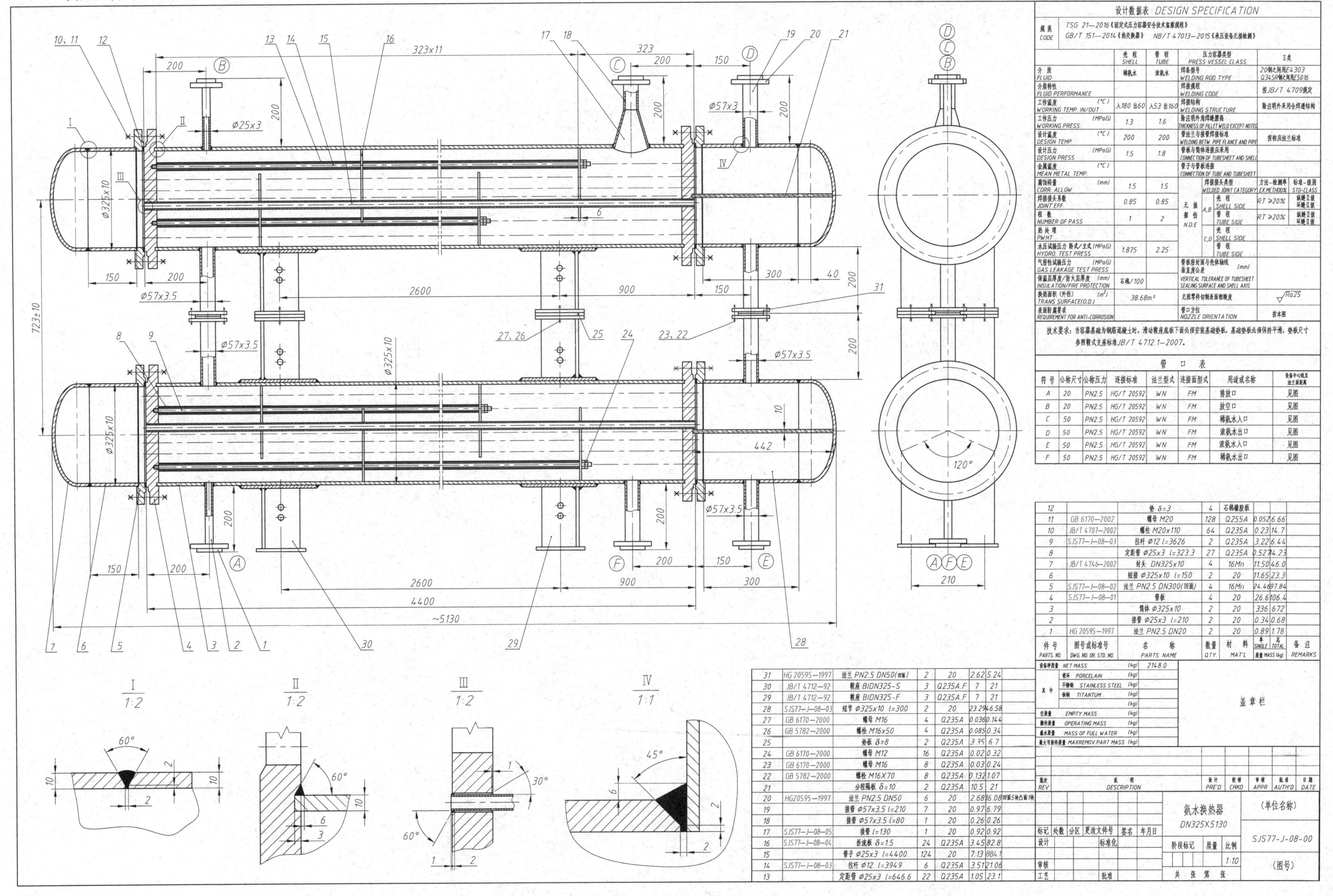
设计数据表 DESIGN SPECIFICATION
TSG 21—2016《固定式压力容器安全技术监察规程》
GB/T 151—2014《热交换器》 NB/T 47013—2015《承压设备无损检测》
技术要求：当容器基础为钢筋混凝土时，滑动鞍座底板下面必须安装基础垫板，基础垫板必须保持平整，垫板尺寸参照鞍式支座标准JB/T 4712.1—2007。
管 口 表
盖章栏
氨水换热器
DN325X5130
(单位名称)
SJS77-J-08-00
(图号)
1:10
I 1:2
II 1:2
III 1:2
IV 1:1
120°
~5130
4400
2600
900
300
723±10

8-1 换热器装配图（二）

1. 阅读管壳式换热器装配图（见P44），并回答下列问题。

(1) 图中所示为两个串联在一起的换热器，从结构形式分属于________换热器，共有零部件______种，属于标准化零部件的有______种，接管口有______个。

(2) 主视图采用__________表达零部件间的装配连接关系，管束、螺栓连接件采用____________画法，壁厚采用________画法；左视图可作为__________图；表达细部结构用了________个局部放大图。

(3) 该换热器的筒体和管箱采用__________连接，这种连接方式的优点是可以________________；筒体中部采用________________画法，目的是____________________________。

(4) 该设备的公称直径为__________mm，为其______径，总长为__________m，采用________式支座，其安装尺寸为________________________________。

(5) 单个换热器有换热管__________根，管长为________m，管子与管板采用___________的连接方式；有拉杆______根，其和定距管一起起到________________________的作用。

(6) 该设备主体材料选用__________，管程设计压力为________MPa，壳程设计压力为______MPa，换热面积为__________m^2。管程流体为__________，壳程流体为______________。

(7) 两换热器的管程数为__________，壳程数为____________；壳程设有__________，其作用是为了使管间流体迂回流动，提高传热效率。

(8) 局部视图Ⅰ表达了________________________，Ⅱ表达了______________________，Ⅲ表达了__________________________，Ⅳ表达了____________________________。Ⅰ、Ⅱ、Ⅲ、Ⅳ分别采用的比例为______________________________，装配图采用的比例为___________。

(9) 换热器内冷流体为_______________，走____________，热流体为________________，走______________；管内介质的入口为管口__________，出口为管口__________，管间介质的入口为管口__________，出口为__________。冷热流体通过______________进行热量交换。

(10) 零件21是___________，其作用是____________________________________。

2. 根据图中信息，在空白处用单线条绘出此换热器示意图。要求绘出完整结构，不断开，绘出所有折流板，标出管口符号，用箭头标出管程和壳程流体的走向，并简述其工作原理。

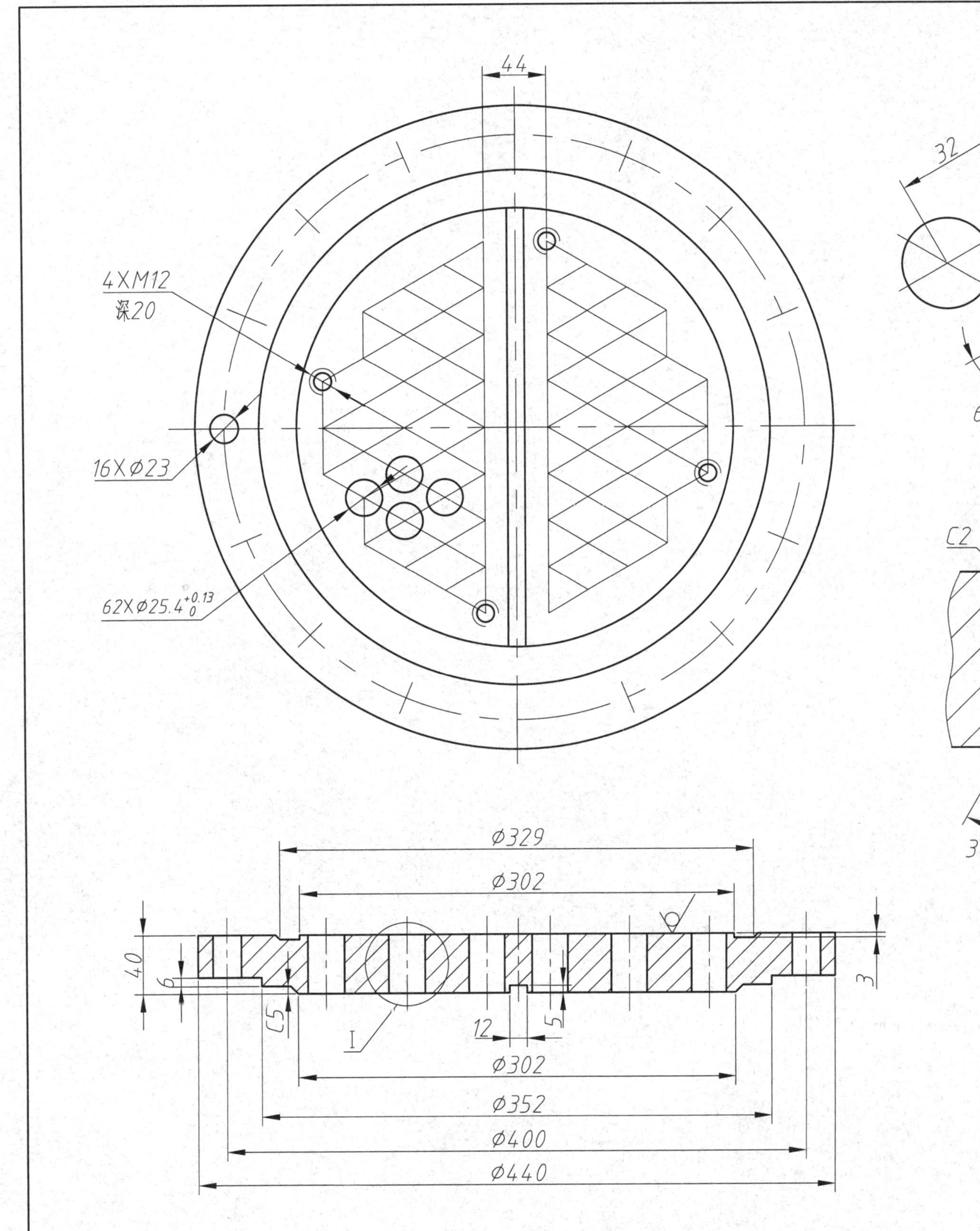

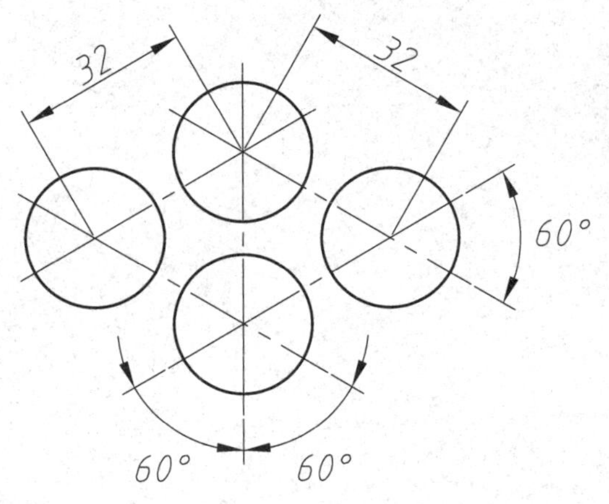

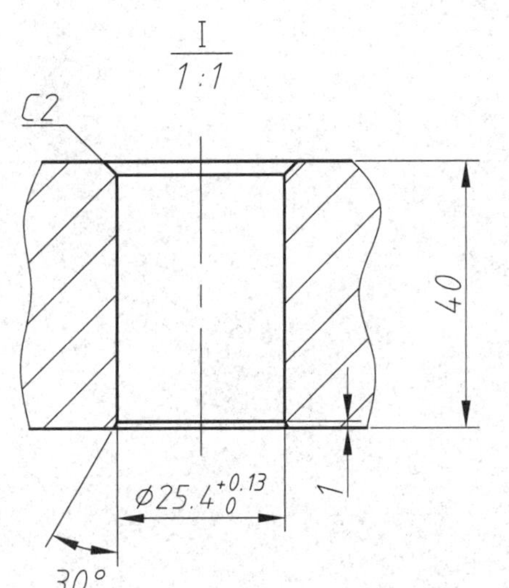

技术要求

1. 管板密封面应与轴线垂直度公差为0.25mm。
2. 管孔内表面应严格垂直于管板密封面，垂直度公差为0.06mm。
3. 管板钻孔后≥96%的管桥宽度必须≥5.71mm，最小管桥宽度为3.25mm。
4. 螺柱孔中心圆直径和相邻两螺柱孔弦长的极限偏差为±0.6mm，任意两螺柱孔弦长偏差为±1.5mm。
5. 以上规定外的加工面未注公差尺寸的公差等级为：孔H14，轴h14，长度为Js（js）14；非加工面未注公差尺寸的公差等级按IT16。

注：管板为四块，两块管板上攻M12的丝孔4个，孔深20mm，另两块管板中间铣一条长305mm，宽12mm，深5mm分程隔板槽。同一壳体一对管板配钻。

Ra12.5 (√)

4	管板	20	26.6	1:5	SJS77-J-08-01	SJS77-J-08-00
件号	名称	材料	质量(kg)	比例	所在图号	装配图号

标记	处数	分区	更改文件号	签名	年月日	管板 t=40mm	(单位名称)
设计			标准化			阶段标记 质量 比例	SJS77-J-08-01
审核							(图号)
工艺			批准			共 张 第 张	

技术要求

1. 折流板管孔允许超差0.1mm的管孔数不得超过4%。
2. 折流板应平整，平面度公差为3mm。
3. 折流板钻孔后≥96%的管桥宽度≥4.91mm，最小管桥宽度为3.25mm。
4. 钻孔后去除任何毛刺。

注：12块折流板配钻。

t6

44

3×Φ14 通孔

$\phi 25.80^{+0.40}_{0}$ 全部通孔

$\phi 300^{0}_{-0.8}$

227.5

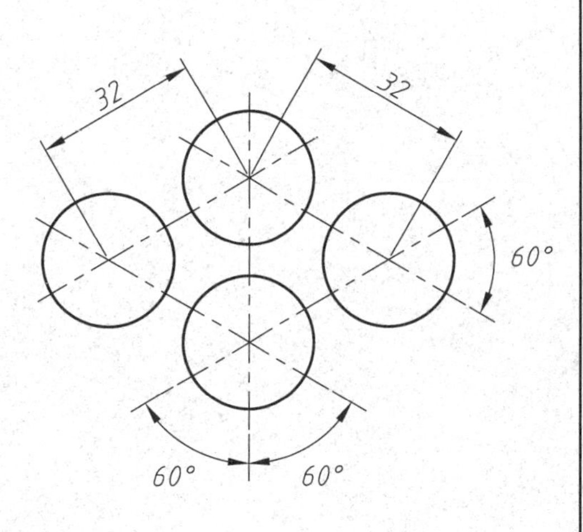

共计：24块

16	折流板	Q235A	3.45	1∶5	SJS77-J-08-04	SJS77-J-08-00
件号	名称	材料	质量(kg)	比例	所在图号	装配图号

标记	处数	分区	更改文件号	签名	年月日	折流板	（单位名称）
设计			标准化			阶段标记 / 质量 / 比例	SJS77-J-08-04
审核							SJS77-J-08-00
工艺			批准			共 张 第 张	

读懂第46、47页两个换热器零件图，然后回答下列问题：

1. 管板零件图

（1）图示零件4为换热器管板，属于回转型零件，该零件的特点是________。

（2）图中采用______个基本视图，其中主视图采用________表达方法；另外还用两个________图来表达细部结构。

（3）视图中的管孔采用______来表达，在布管区域用_____线绘出了______，布管方式为________。

（4）图中共有_____个管孔，管孔直径为______，法兰盘的部分有_____个螺栓孔，由孔径推测应该安装公称直径_____螺栓。另外，管板上还有_____个螺孔，其作用是安装拉杆。

（5）图中管孔、法兰螺栓孔、拉杆螺纹孔要求加工的粗糙度值均为______；图中右下角符号表示________________。

（6）$\phi 25.4^{+0.13}_{0}$ 表示该孔的最大极限尺寸为______，最小极限尺寸为______，其公差等级为________。

（7）在此管板的技术要求文字说明中要求“管孔内表面应垂直于管板密封面，其垂直度公差为0.06mm”，密封面即管板俯视图中的后端面，此公差为______公差。

2. 折流板零件图

（1）折流板在装配图中的件号为____，每个换热器中有____块，属于_____形折流板。

（2）图中用_____个基本视图表达零件结构，并用______方法表达管孔；另外还用一个________图来表达细部结构。

（3）视图中的标注t6表示__________，有此标注则省略了____视图；标注3×Φ14的孔的作用是__________。

（4）由以上两个零件图可知，零件图中所包括的内容有____________________，其中技术要求主要是对零件加工制造提出相应的技术要求，如：________、________和________。

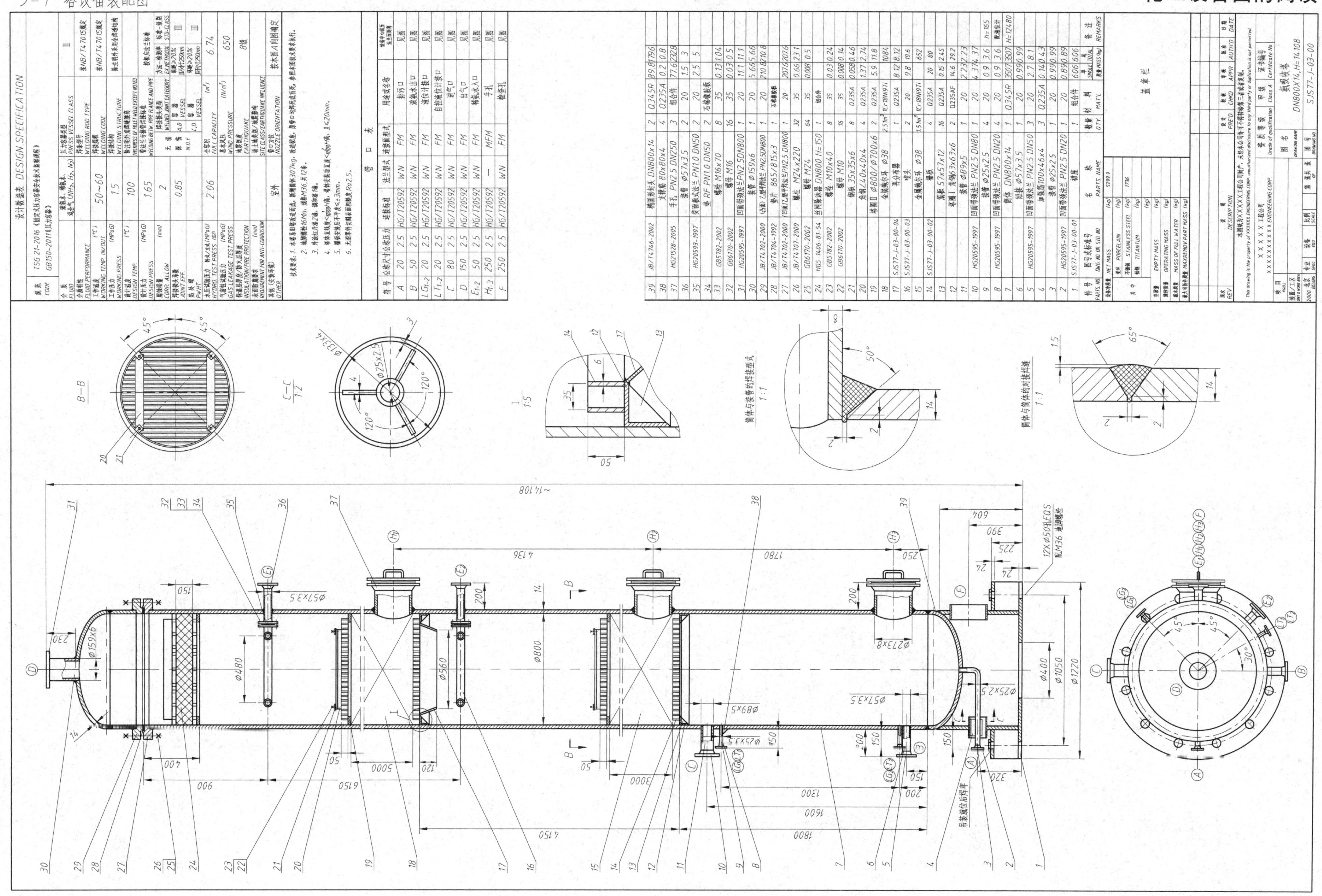

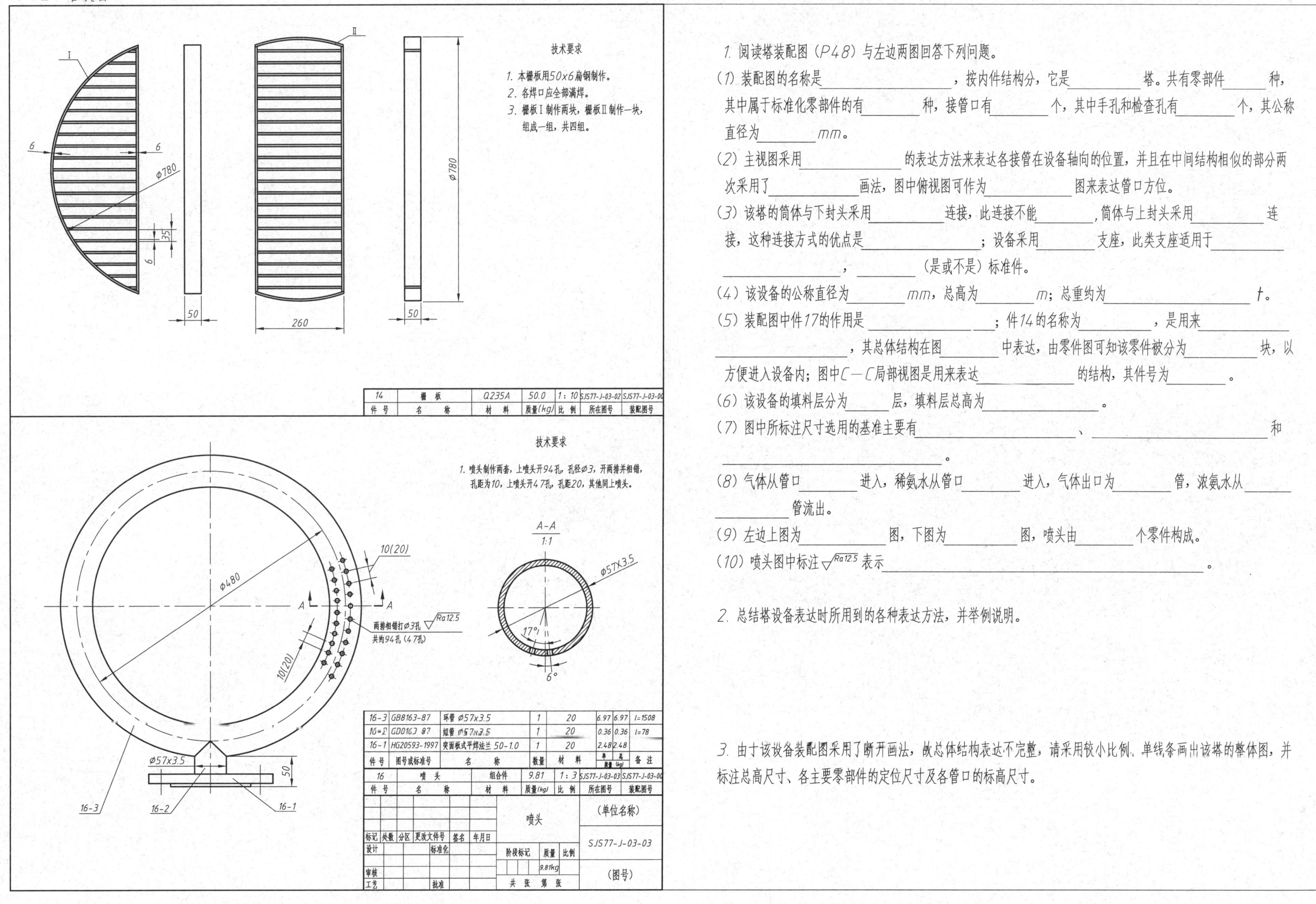

1. 阅读塔装配图（P48）与左边两图回答下列问题。

（1）装配图的名称是________，按内件结构分，它是________塔。共有零部件________种，其中属于标准化零部件的有________种，接管口有________个，其中手孔和检查孔有________个，其公称直径为________mm。

（2）主视图采用________的表达方法来表达各接管在设备轴向的位置，并且在中间结构相似的部分两次采用了________画法，图中俯视图可作为________图来表达管口方位。

（3）该塔的筒体与下封头采用________连接，此连接不能________，筒体与上封头采用________连接，这种连接方式的优点是________；设备采用________支座，此类支座适用于________，________（是或不是）标准件。

（4）该设备的公称直径为________mm，总高为________m；总重约为________t。

（5）装配图中件17的作用是________；件14的名称为________，是用来________，其总体结构在图________中表达，由零件图可知该零件被分为________块，以方便进入设备内；图中C—C局部视图是用来表达________的结构，其件号为________。

（6）该设备的填料层分为________层，填料层总高为________。

（7）图中所标注尺寸选用的基准主要有________、________和________。

（8）气体从管口________进入，稀氨水从管口________进入，气体出口为________管，浓氨水从________管流出。

（9）左边上图为________图，下图为________图，喷头由________个零件构成。

（10）喷头图中标注 $\sqrt{Ra12.5}$ 表示________。

2. 总结塔设备表达时所用到的各种表达方法，并举例说明。

3. 由于该设备装配图采用了断开画法，故总体结构表达不完整，请采用较小比例、单线条画出该塔的整体图，并标注总高尺寸、各主要零部件的定位尺寸及各管口的标高尺寸。

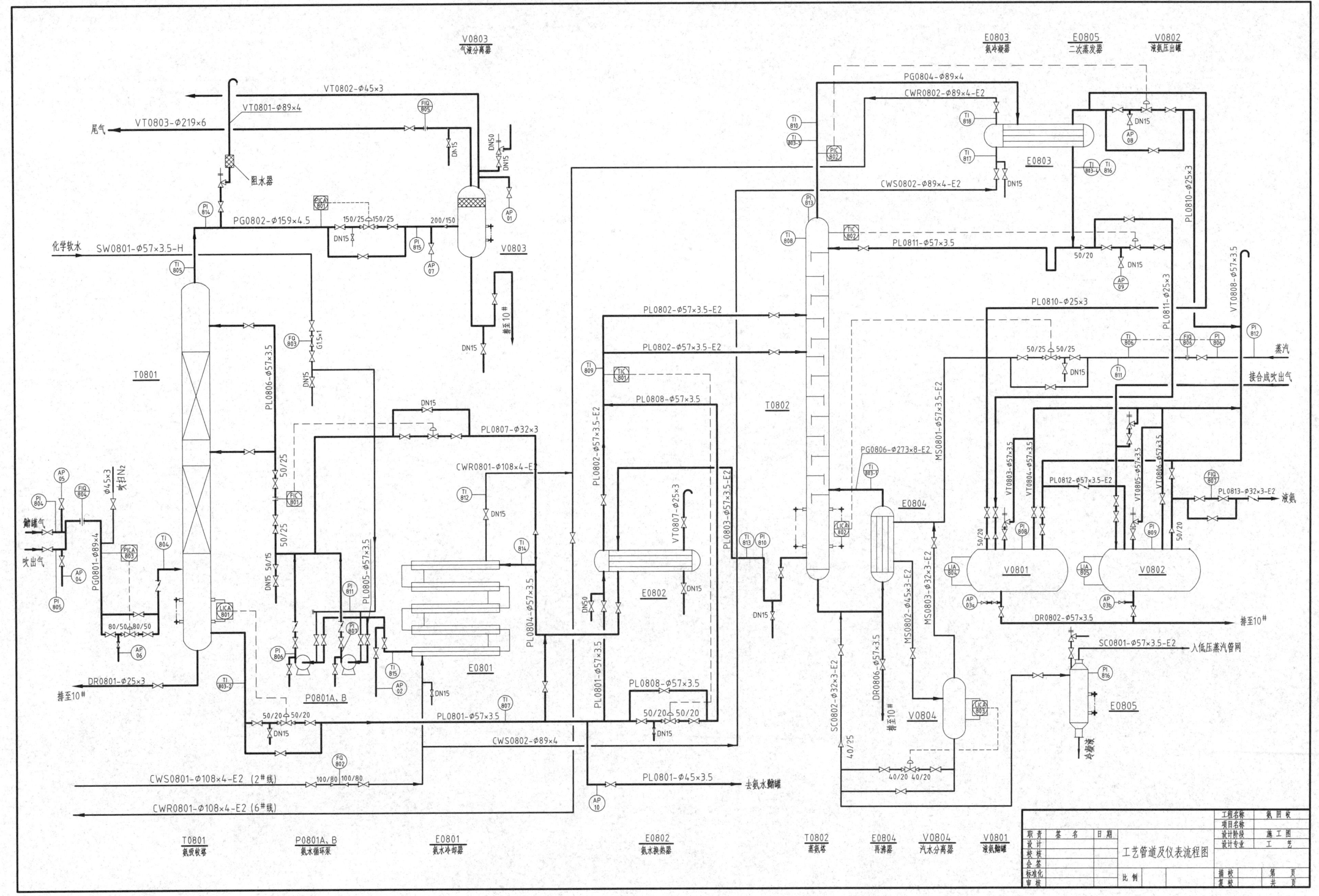

1. 氨回收工艺流程方案

氨回收工艺简介：利用化学软水吸收的方法将吹出气及驰放气中的氨回收制成12%～18%的浓氨水；吸收后的气体送氢回收分离氢气；用蒸馏的方法将浓氨水中的氨蒸馏出来冷凝成浓度大于98.5%的液氨。

2. 阅读氨回收工程带控制点工艺流程图（见P50，本页同），回答下列问题。

（1）图中设备标注T0801、P0801A/B、E0801、V0804的含义是什么？

（2）图中标注PG0801-Ø57X3.5、PL0802-Ø57X3.5-E2、VT0801-Ø89X4、MS0801-Ø57X3.5-E2的含义是什么？

（3）图中标注 

分别表示什么？

3. 阅读氨回收工程带控制点工艺流程图后填空。

（1）该岗位共有________台设备，其中________台为动设备，其他静设备分别是____________、____________、____________、____________、____________、____________。

（2）吹出气和储罐气经测________点________、测________点________、测________点________、________测________点________，经管线____________进入________。

（3）从氨吸收塔________的顶部出来的吸收后的气体经管线____________后进入________，设备位号________，尾气经测________点________由管线____________排出。

（4）化学软水从总管____________，经测流量点________至________位号________，加压后经管线____________打入氨吸收塔内与工艺气体逆流接触后从塔底管线____________流出后，一股去氨水冷却器，一股经________点和管线____________至氨水储罐，一股经氨水换热器加热后送入________位号________，进行蒸氨，氨气从塔顶蒸出后进入________冷凝后得到________，最后送入液氨储罐____________。

（5）蒸氨塔塔底产品稀氨水经管线____________至____________进行________后，与吸收塔的氨水混合后进入____________，经氨水循环泵打入氨吸收塔循环使用。

（6）再沸器的加热剂________从管线____________加入，放出热量后经设备________和设备________后，经管线____________流入低压蒸汽管网。

（7）管道代号RW0803-Ø144X4中，RW为________代号，08为________代号，03为____________，Ø144X4表示____________。

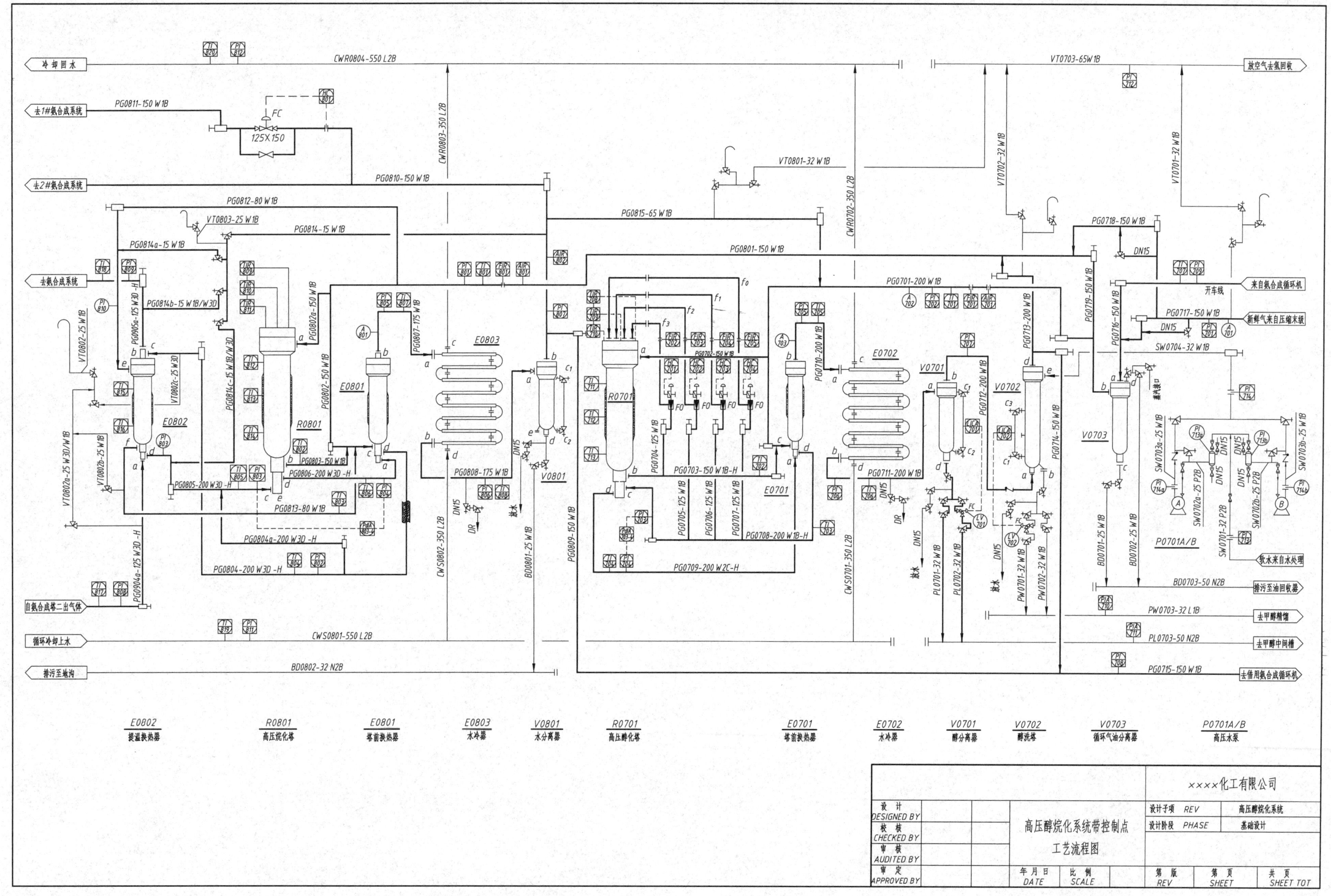
冷却回水
CWR0804-550 L2B
VT0703-65W1B
放空气去氢回收
去1#氨合成系统
PG0811-150 W1B
FC
125X150
CWR0803-350 L2B
VT0801-32 W1B
VT0702-32 W1B
VT0701-32 W1B
去2#氨合成系统
PG0810-150 W1B
PG0812-80 W1B
PG0815-65 W1B
CWR0702-350 L2B
PG0718-150 W1B
VT0803-25 W1B
PG0814-15 W1B
PG0814a-15 W1B
PG0801-150 W1B
DN15
去氨合成系统
PG0701-200 W1B
来自氨合成循环机
开车线
新鲜气来自压缩末级
PG0717-150 W1B
SW0704-32 W1B
E0803
E0702
E0801
R0801
E0802
R0701
V0701
V0702
V0703
V0801
E0701
P0701A/B
自氨合成塔二出气体
循环冷却上水
CWS0801-550 L2B
排污至地沟
BD0802-32 N2B
PG0804-200 W3D-H
PG0804a-200 W3D-H
PG0709-200 W2C-H
PG0703-150 W1B-H
PG0708-200 W1B-H
BD0703-50 N2B
排污至油回收器
PW0703-32 L1B
去甲醇精馏
PL0703-50 N2B
去甲醇中间槽
PG0715-150 W1B
去借用氨合成循环机
软水来自水处理
E0802 提温换热器
R0801 高压烷化塔
E0801 塔前换热器
E0803 水冷器
V0801 水分离器
R0701 高压醇化塔
E0701 塔前换热器
E0702 水冷器
V0701 醇分离器
V0702 醇洗塔
V0703 循环气油分离器
P0701A/B 高压水泵
××××化工有限公司
设计 DESIGNED BY
校核 CHECKED BY
审核 AUDITED BY
审定 APPROVED BY
高压醇烷化系统带控制点工艺流程图
设计子项 REV 高压醇烷化系统
设计阶段 PHASE 基础设计
年月日 DATE
比例 SCALE
第版 REV
第页 SHEET
共页 SHEET TOT

1. 醇烷化工艺介绍

醇烷化工艺技术是合成氨工艺中的净化精制工艺，是在甲烷化工艺技术的基础上开发出来的，用甲醇化、甲烷化净化精制合成氨原料气中的CO和CO_2，使之体积分数小于10×10^{-6}，故又称“双甲工艺”。该工艺将合成氨原料气的精制分2步进行，首先将CO和CO_2进行甲醇化，使原料气精制；然后将CO和CO_2进行甲烷化，以达到原料气的最终精制。

（1）甲醇化反应

$$CO + 2H_2 = CH_3OH + Q$$

$$CO_2 + 3H_2 = CH_3OH + H_2O + Q$$

原料气中CO和CO_2在触媒的催化作用下与H_2反应生成粗甲醇，经过冷凝成为液体，从原料气中分离，以达到原料气进一步精制的目的。甲醇生成的反应是一个放热、体积缩小的可逆反应。

（2）甲烷化反应

$$CO + 3H_2 = CH_4 + H_2O + Q$$

$$CO_2 + 4H_2 = CH_4 + 2H_2O + Q$$

甲烷化是在触媒的催化作用下，在一定的工艺条件下使CO和CO_2与H_2反应生成对氨合成触媒无毒害作用的甲烷。甲烷化反应是体积缩小的强放热反应，操作压力低，消耗的气体压缩功少，有利于节约能耗。

2. 阅读高压醇烷化带控制点工艺流程图，回答下列问题。

（1）高压醇烷化工段的工艺设备共有____台，动设备有____台，是__________，其中一台作为__________；静设备中换热设备有__________、__________、__________、__________、__________等。

（2）了解甲醇化工艺流程线。

来自压缩末级的新鲜气体沿管线______________，经测压点________从循环气油分离器V0703的____管口进入设备内，从____管口出来经管线______________分两路：一路气体30%左右进高压醇化塔________塔壁与内件的环隙，冷却塔壁，气体由醇化塔管口b出塔，与另一路气体70%左右混合后从__________的管口________进入后提温到140℃，从管口________出来分5路进入高压醇化塔：一路沿主线__________进入塔内进行反应；其余4路为冷激气从塔顶进入，以调节__________温度。反应后的气体在塔内下部换热器换热后，温度为180℃从管口d出塔，经管线______________进换热器______________管内换热，温度降至85℃，经测______点、测______点进入__________，冷却后的气体温度为35℃，经管线__________进入醇分离器，将生成的甲醇分离、减压后送至__________，分离后的气体进入__________，用浅除盐水洗涤，洗净甲醇。洗涤后的气体中还有微量的CO、CO_2，从管口________出来送往甲烷化。

（3）了解甲烷化工艺流程线。

来自甲醇化的气体经管线PG0801-150 W1B分两路：一路30%左右进入__________塔壁与内件的环隙冷却塔壁，然后由管口b出塔，与另一路气体70%左右从管口________进入烷化换热器__________换热提温至230℃，从管口d出来经管线PG0804-200 W30-H进入__________，提温到250℃后从管口______出来经管线__________进入高压烷化塔内反应，反应后的气体从管口d出塔（温度为250℃），进入______________换热后，降温至90℃，进入__________继续冷却至35℃，然后进入__________将生成的水分分离出来，分离后的合格气体送往______________。

（4）了解辅助物料工艺流程线。

由图可以看出，醇洗塔洗涤气体用的浅除盐水来自__________，沿管线______________经泵__________从管口________进入醇洗塔，洗涤后的水从管口________流出后送去______________。

（5）了解故障处理流程。

高压水泵P0701A出现故障时，另一台__________即可启动运行。

班级__________　学号__________　姓名__________

10-2 设备布置图

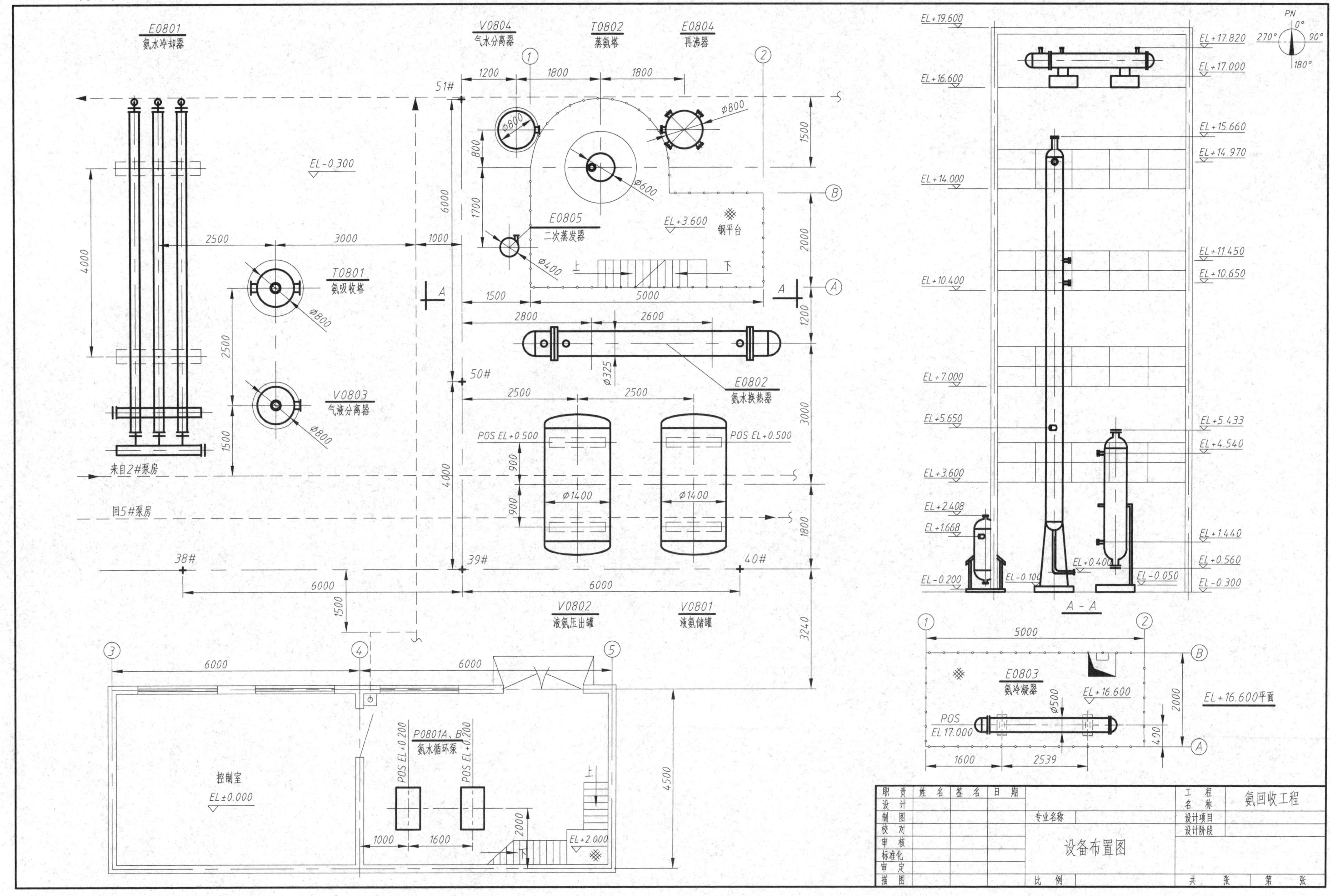
E0801
氨水冷却器
V0804
气水分离器
T0802
蒸氨塔
E0804
再沸器
E0805
二次蒸发器
钢平台
T0801
氨吸收塔
V0803
气液分离器
E0802
氨水换热器
V0802
液氨压出罐
V0801
液氨储罐
来自2#泵房
回5#泵房
控制室
EL±0.000
P0801A、B
氨水循环泵
A-A
E0803
氨冷凝器
EL+16.600平面
设备布置图
氨回收工程
专业名称
设计项目
设计阶段

看懂前页设备布置图，回答下列问题：

1. 概括了解图示内容

设备布置图中平面布置图表达了________________情况：A—A剖面图在________面上表达了在钢平台区域的__________、__________、__________和__________设备的布置情况及相关接管位置情况。

2. 了解设备的定位尺寸

氨吸收塔在39#柱以西__________处，2#管线（虚线）以北________处。气液分离器在氨吸收塔以______，定位尺寸为__________，氨水冷却器在氨吸收塔以____，定位尺寸为__________，它们的安装标高为________。蒸氨塔在定位轴线B以________，总高为________。汽水分离器和再沸器在B定位轴线以______，与蒸氨塔间的距离分别为__________、__________。氨水换热器在A定位轴线以____，定位尺寸为__________和__________。图中标注POS EL+0.500表示液氨储罐________________，由图可见，该换热器采用______式布置。氨水冷凝器的安装标高为________，其定位尺寸为__________、__________和__________。氨水循环泵的定位尺寸为____________________，安装标高为________。

3. 了解厂房、设备及其布局

从图上可以看出，露天布置的设备有______________________________等；室内布置的设备有__________。其中钢平台为______层，它的纵向定位轴线是__________和__________。

控制室和泵房所在的建筑物长为__________，宽为__________，其大门朝________。

化工工艺图样综合知识填空：

(1) 化工工艺流程图是一种表示________________的示意性图样，根据表达内容的详略，可分为______________和______________、______________。

(2) 化工工艺流程图中的设备采用________________画法，每一设备需标注设备位号。设备位号一般包括__________、__________、______________等。

(3) 化工工艺流程图中的设备用__________线画出，________________用粗实线画出。

(4) 建筑图样主要包括__________图、__________图和______________图，以__________图为主。

(5) 建筑物的高度尺寸以__________形式标注，以________为单位，而平面尺寸以______为单位。

(6) 设备布置图是在____________图的基础上增加______________的内容，用粗实线表示______________，厂房建筑用__________线画出。

(7) 管道布置图是在______________图的基础上画出__________、__________、__________等，用于________________________。

(8) 设备布置图和管道布置图主要包括反映设备、管路水平布置情况的__________图和反映某处立面布置情况的____________图。

1. 根据轴测图，从图上1：1量取尺寸绘制管道布置平面图、立面图。

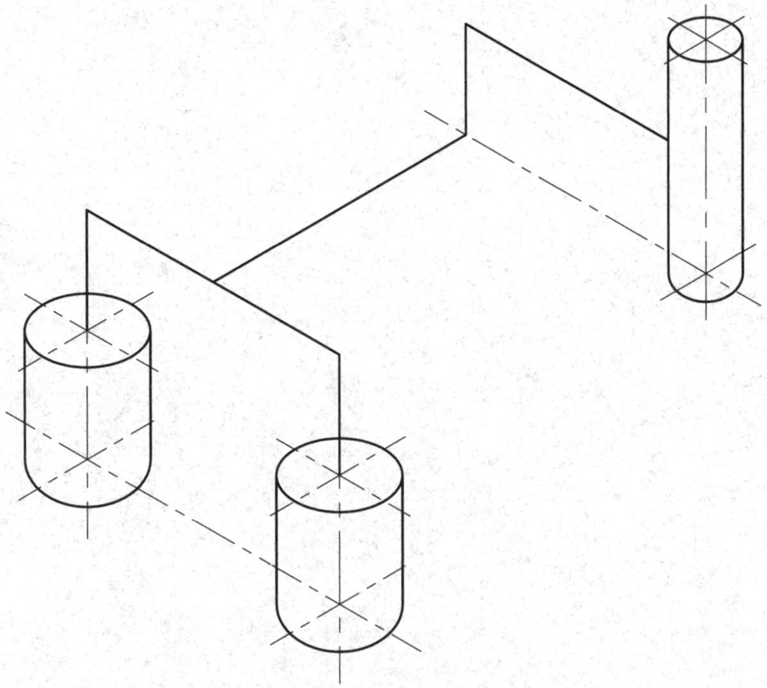

2. 根据管道布置平面图、立面图画出其轴测图。

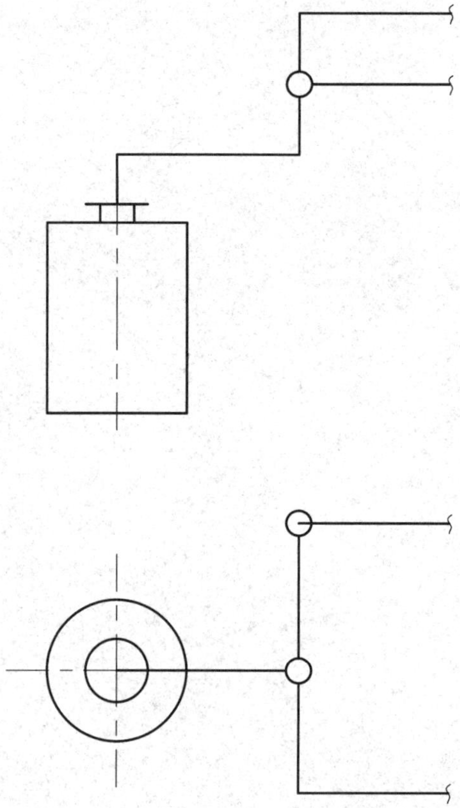

班级＿＿＿＿＿＿ 学号＿＿＿＿＿＿ 姓名＿＿＿＿＿＿

根据下图所示设备管道布置的正等轴测图，绘出设备布置平面图、管道布置平面图。

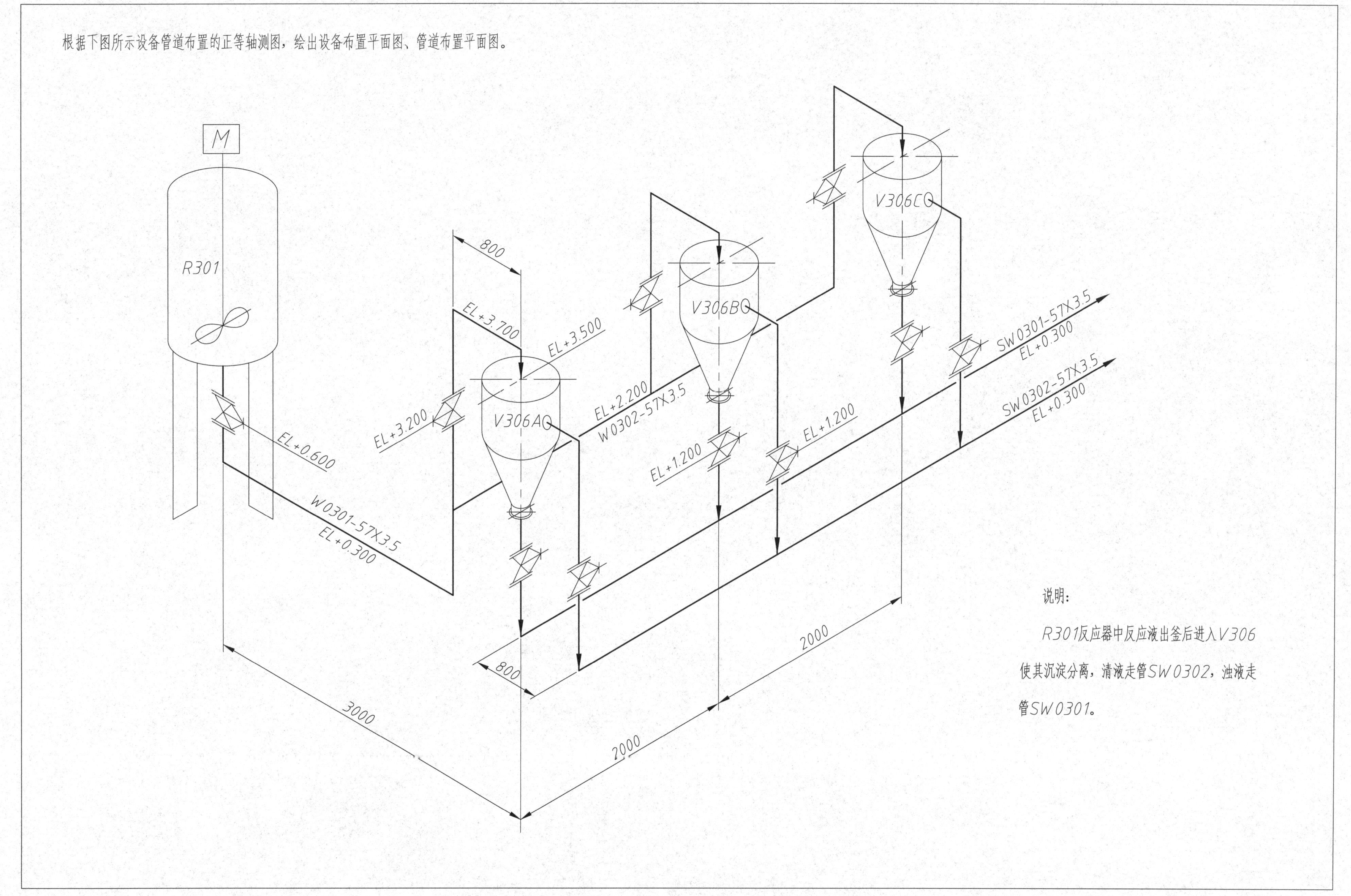

说明：

R301反应器中反应液出釜后进入V306使其沉淀分离，清液走管SW0302，浊液走管SW0301。

班级________ 学号________ 姓名________